おもしろサイエンス

繊維の科学

日本繊維技術士センター［編］

B&Tブックス
日刊工業新聞社

はじめに

繊維製品は、気候の変化や外敵から身を守る衣服をはじめとして、これまでに多数が市場に投入されてきました。その結果、個性の表現や意匠性の追求として、多様なファッションを生み出すことにつながっています。

最近では、衣料用繊維製品に新しい機能や性能を付与する技術が開発され、私たちの衣生活を豊かにしてくれています。工業や土木建築、農業、漁業など広範な産業分野の資材としても多用されています。また繊維を用いて、金属や天然素材にはない特性を持つ製品が数多く開発されるとともに、繊維の長い歴史の中で培われてきた化学や設備に関する技術が、先端科学や医療分野などの他分野でも多用され、繊維製品や繊維技術は世の中になくてはならない存在になっています。

そこで、これらの中から最近開発された繊維製品を中心に取り上げ、以下に示す4つのテーマに分類し、それぞれが持つ技術的な意味合いを科学的な見地からわかりやすく解説することを心がけました。すなわち、繊維の持つ面白さやある意味での不思議さを知っていただきたいと思ったのが、本書を執筆することにした動機です。

1．身体を守る繊維
2．生活を豊かにする繊維
3．社会に役立つ繊維
4．未来に活躍する繊維

執筆者の面々は、文部科学省所轄の国家資格である技術士（繊維部門など）を取得しており、長年にわたってそれぞれの分野の研究開発や生産の場で活躍してきた方、もしくは現在も第一線で活躍している人たちで構成されています。

本書を通じて、多くの方に最近の繊維製品や繊維技術に触れていただき、繊維が持つ可能性の広さにぜひとも興味を持っていただければ、執筆者一同、この上ない喜びです。さらに、現在のレベルを凌駕する革新的な製品や技術の開発に結びつけていただくことを祈っています。

２０１６年12月

一般社団法人日本繊維技術士センター

理事長　井塚淑夫

目次

第1章 身体を守る繊維の不思議

第2章 生活を豊かにする繊維の不思議

第3章 社会に役立つ繊維の不思議

第4章 未来に活躍する繊維

Column

第1章

身体を守る繊維の不思議

1 衣服内湿度を快適に保つ繊維
―湿度に応じて通気性を自己調節する―

衣服内の湿度を快適に保つには素材の吸湿性能だけでは難しく、服地や服の形状による通気性、さらにはその肌触りまで考慮する必要があります。近年の日本の夏においては、静かな室内生活ですら通気性への考慮は欠かせません。

したがって、軽作業や軽スポーツなどをする際は、その日の天候や体調に合った適正な服装を選び、着替えを準備する必要がありました。そこでこのような課題に目をつけ、衣服内の湿度に応じて通気性を自動でコントロールする画期的なスマート衣料が、繊維メーカーの三菱レイヨンと帝人によって開発され、すでに販売されています。

この技術のポイントは、湿度を感知して寸法や形状を可逆的に変えられる繊維と、その寸法や形状の変化を利用して服地の通気性や感触を快適にコントロールする技術にあります。そこでまず湿度を感知し、寸法や形状を可逆的に変えられる繊維について見てみます。

1つは、トリアセテートとジアセテートを長さ方向に左ページに示す図の繊維断面になるように貼り合わせ、このジアセテートに化学処理を施し、吸湿すると伸張するという特性を付与した繊維が三菱レイヨンによって開発されました。

すなわち、乾燥時には改質したジアセテートがトリアセテートより短く縮み、バイメタルの原理で繊維に屈曲（捲縮《けんしゅく》）が生じます。一方で吸湿時には、逆にこれが伸張してその屈曲（捲縮）が消えるという感湿通気コントロール繊維（感湿繊維）が誕生しました。同社によると、アセテートによるこのような複合繊維はほかに例がないとのことです。

もう1つは、ポリエステルのハード部をポリブチレ

感湿通気コントロール繊維

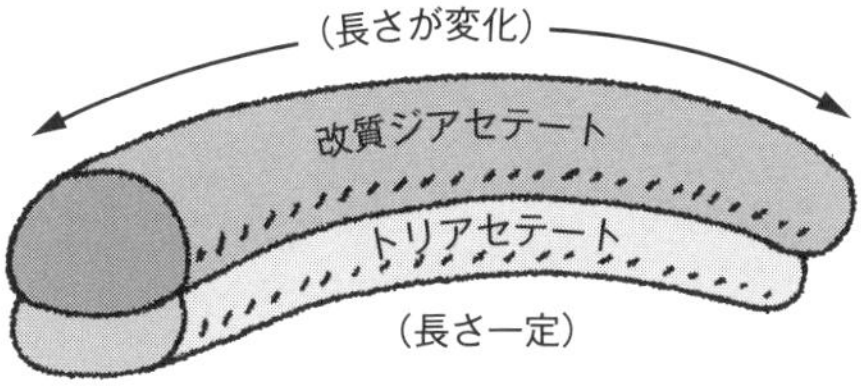

感湿によって改質ジアセテートの長さが変化し、捲縮が変化する特徴を持つ

乾燥時と吸湿時の形態変化

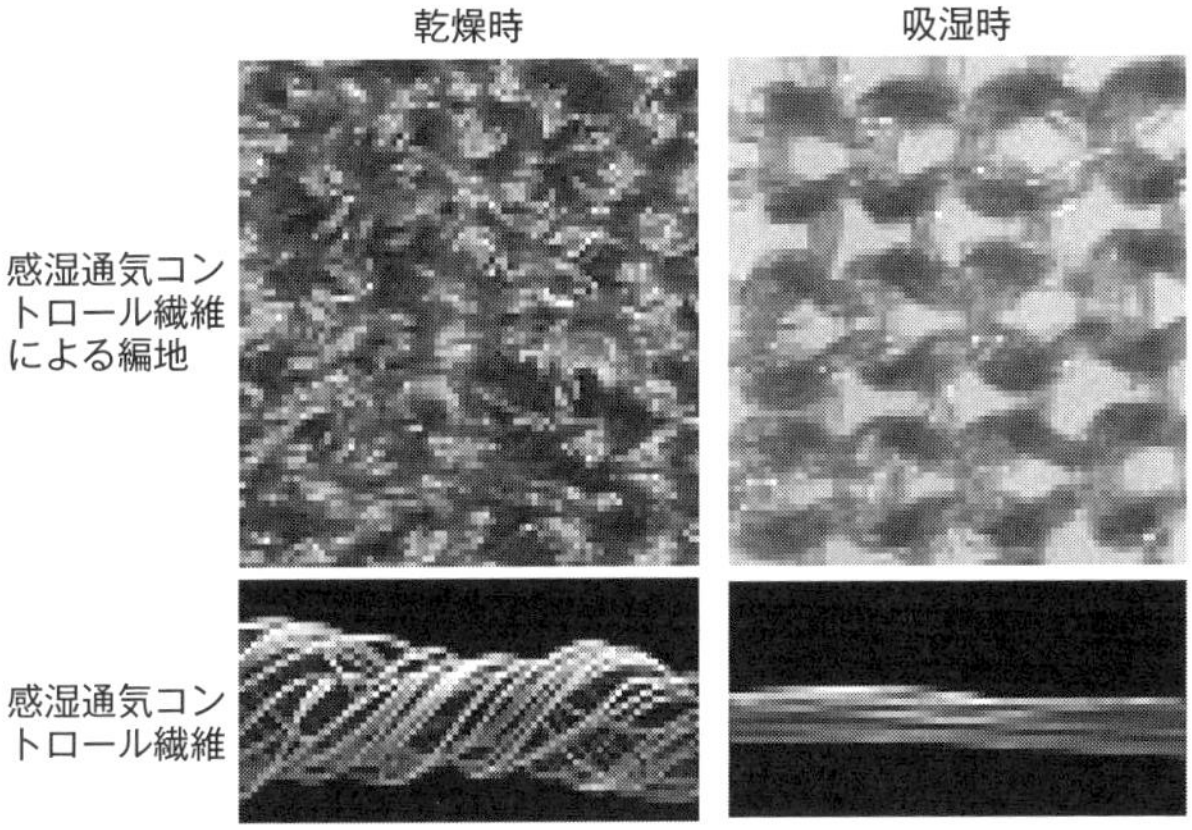

出所：繊維機械学会誌、Vol.56 No.11、2003年、p.473～476
提供：三菱レイヨン

編地の水分率と通気度の変化例

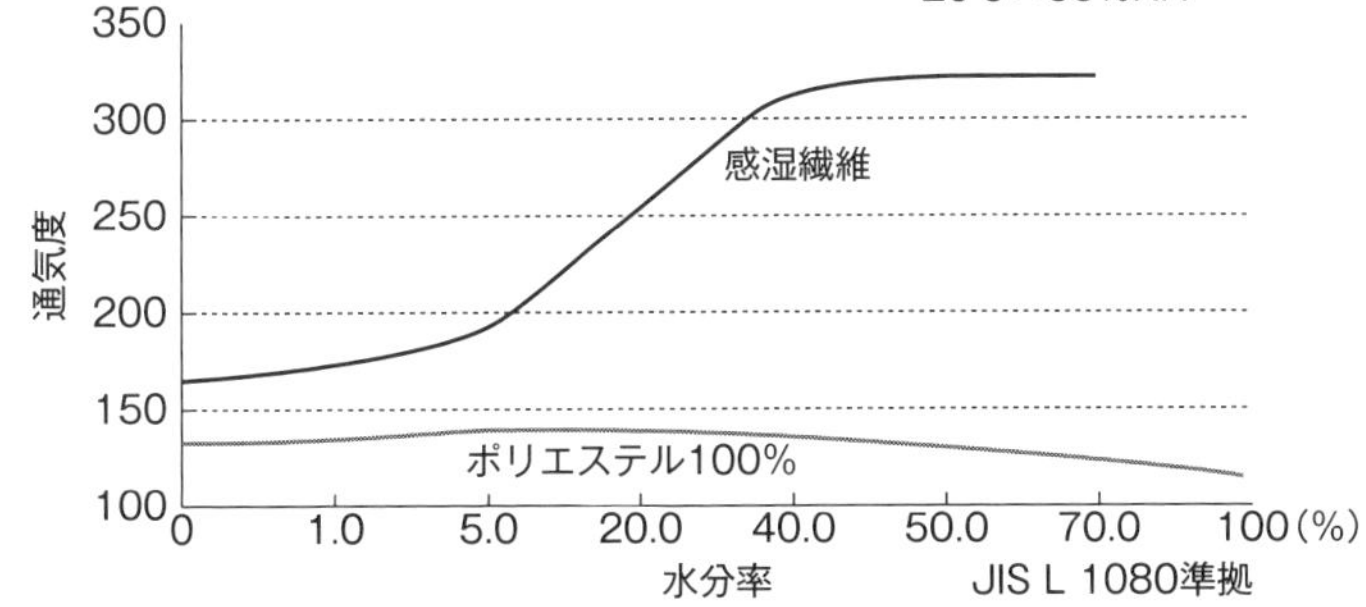

出所：繊維機械学会誌、Vol.56 No.11、2003年、p.473～476
提供：三菱レイヨン

ンテレフタレートに、ソフト部をポリエチレングリコールに変えることで、乾燥すると縮み、吸湿すると伸張するという感湿伸縮ポリエステル繊維（感湿繊維）が帝人によって開発されています。同社によると、この繊維は乾燥時と吸湿時とで、約22％も可逆的に伸び縮みする性能があるとのことです。

次に、これらの感湿繊維の寸法や形状の変化を利用し、服地の通気性をコントロールする技術について見てみます。上記感湿繊維を単独もしくは他の繊維と組み合わせて布帛化し、感湿繊維の捲縮変化で通気性を変える商品が、三菱レイヨンで開発されています。

すなわち、衣服内が乾燥すると捲縮が現れて通気性の低い緻密なニットになり、逆に衣服内の湿度が高くなると捲縮が消えて隙間が多く通気性の高いニットになるという、衣服内の湿度を自己調節する設計になっています。同社によると、通気性の変化は乾・湿により約2倍も変化するとのことで、かなり大きな効果が得られるものと思われます。

一方、帝人は感湿繊維を利用して、2つのタイプの技術を開発しています。1つは、感湿繊維を普通糸と合糸、交織、交編、2層構造布帛などの形に組み合わせる際に、感湿繊維を普通糸に対して同じか余分に供給して使うケースです。この場合は、衣服内の湿度が上がると、普通糸の寸法が変わらないにもかかわらず、感湿繊維が吸湿して伸張するため、その分弛緩して生地の表面に凹凸が生じ、これによって肌との接触が面から点に変わったり、肌との間に空隙が生じたりします。その結果、べトツキ感が減り、かつ通気性が向上する効果が得られます。

もう1つは、上記とは逆に、感湿繊維に対して普通糸の方を余分に供給して使うケースです。この場合は、衣服内湿度が上がると感湿繊維が吸湿して伸張し、それに伴って弛緩状態にある普通糸も一緒に伸張するため、布帛の組織や密度が緩んで空隙が増え、通気性が向上する効果が得られます。なお、この感湿繊維は、感湿時の伸縮力を最大に発揮させようとモノフィラメントの設計になっており、同社によれば乾・湿による通気性の変化は、上記三菱レイヨンの感湿繊維と同様に約2倍にもなるとのことです。

歴史的には、これより以前にも既存ポリマーで吸湿して寸法変化するナイロン4や6を利用したもの、あるいは、ナイロンとポリエステルを長さ方向に貼り合わせた複合繊維などが検討されましたが、商品化には至らず、今回の商品がスマートテキスタイルの先駆者と言えそうです。

これらの商品は、これまで主として肌着や軽いスポーツ衣料などに展開されていますが、感湿自己調節機能は衣料以外の用途にも展開が期待されています。化学繊維や合成繊維はこれまでもバイオミメティクスの先駆者として発展してきており、同技術も植物の気孔を模した高度のバイオミメティクス商品として、今後さらなる用途の広がりや技術の進展が注目されます。

湿度に応じて特性が変わる布帛

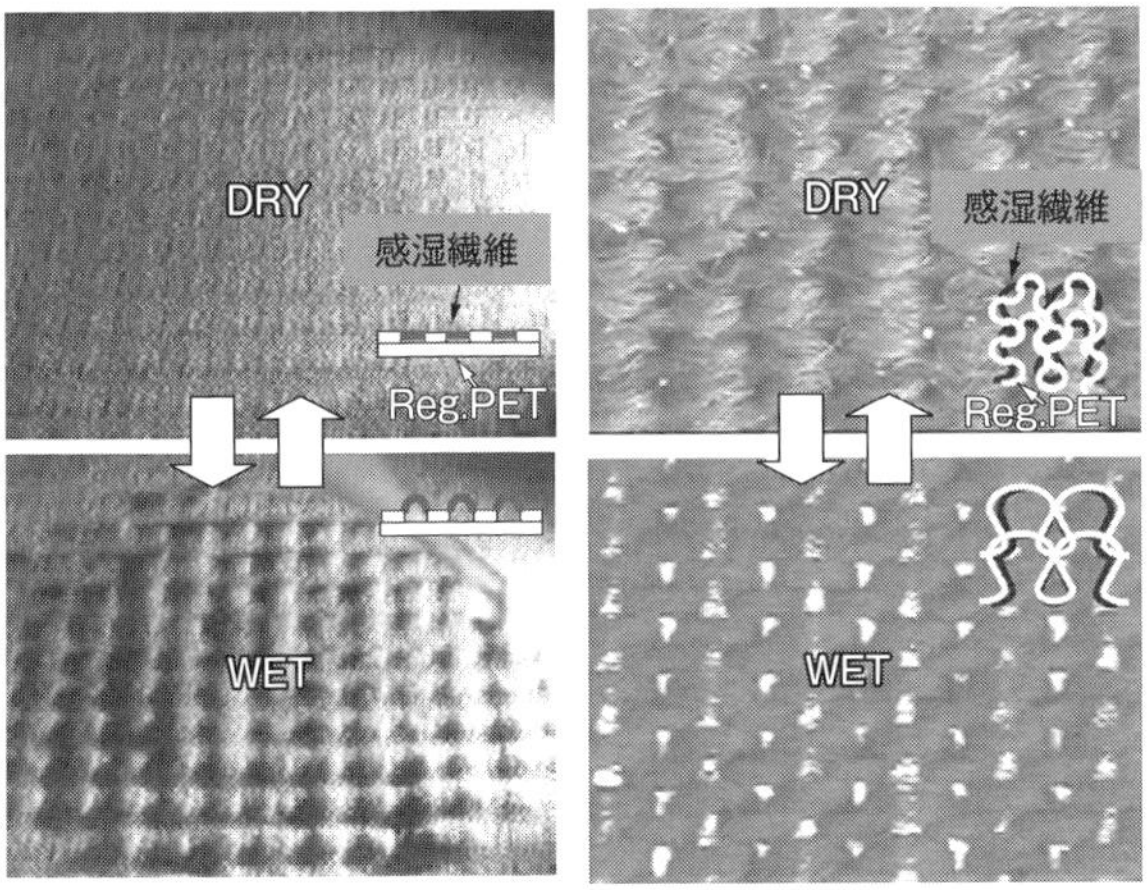

凹凸変化タイプ　　通気性変化タイプ

出所：繊維学会誌、Vol.62 No.10、2006年、p.314～316
提供：帝人

感湿捲縮糸の感湿捲縮変化例

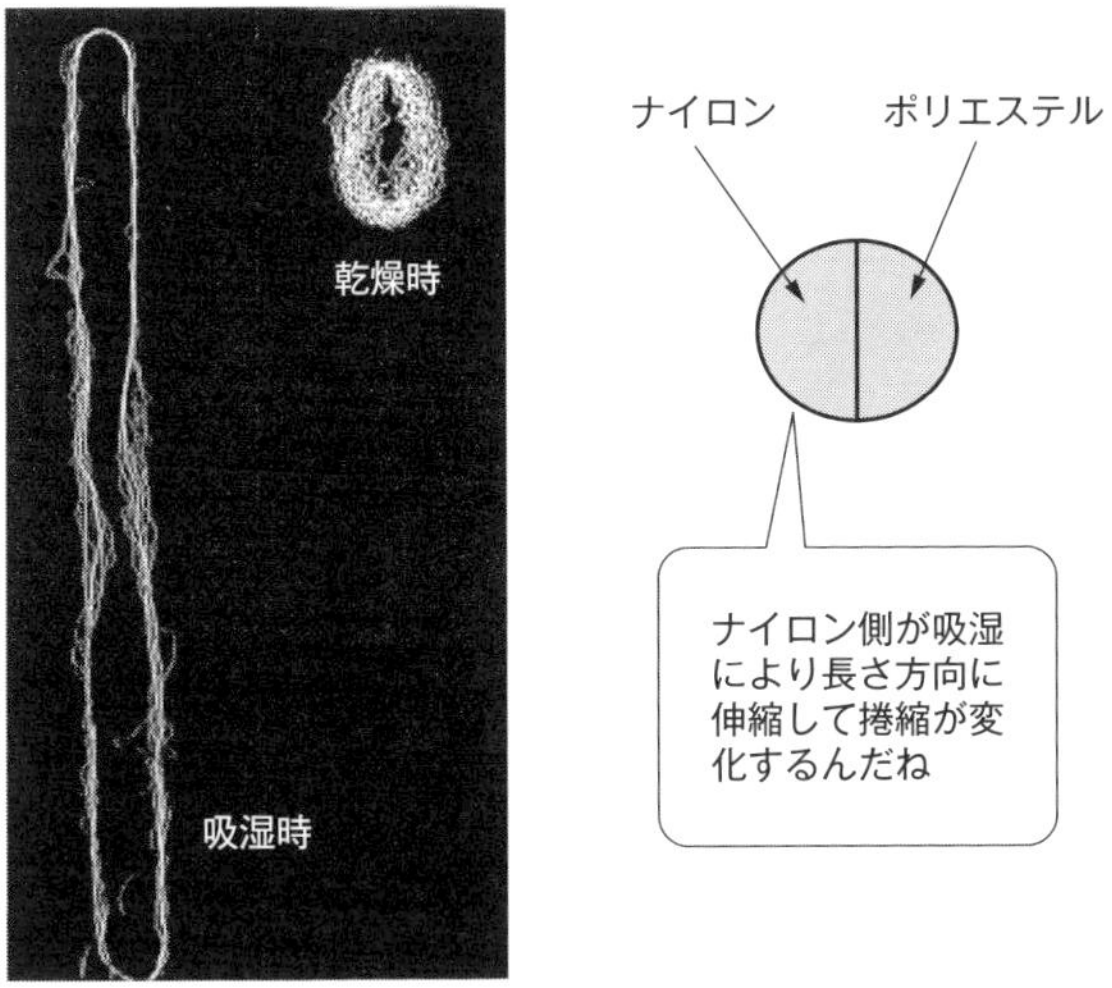

2 蚊などの虫を追い払う衣服

―デング熱、ジカ熱騒ぎで人気急上昇―

最近、日本で頻発している蚊によるデング熱やジカ熱、あるいはマダニなどによる騒ぎ、また海外旅行などで注意喚起される蚊による感染症などの影響で、こうした害虫を追い払う加工を施した衣服がにわかに注目され、関連商品の人気が急上昇しています。しかし、効果を明確にうたった商品を生産しているメーカーは少数です。蚊やダニ、ノミ、アリ、ハエ、ツツガムシなどに効果があるとうたう米国のインセクトシールド社と、蚊やダニ、ハエ、シラミなどに効果があるとうたう英国のヘルスガードヘルスケア社が挙げられる程度です。

前者は、防虫剤に殺虫成分ではなく、虫が嫌がる菊の成分を複製したペルメトリンという忌避剤を使用しています。それを繊維にナノレベルで付着させることで、薬剤の結晶が振動し、昆虫の足に神経毒として作用することで虫を近づけないというものです。またこの防虫衣料は、米国では1977年から使用され、国際的な認証機関である米国のEPA（米国環境保護庁）や、Oeko-Tex Standard 100の認証を得て、「着るだけで虫除け」、約70回の洗濯にも耐えるとうたい、防虫衣料のほかにもカーテンやテント、ペット用品など幅広い用途に展開しています。

そして後者は防虫成分に、前者と同じように菊由来のピレストリンという成分を使用し、やはり忌避効果を利用しています。同商品はOeko-Tex Standard 100の認証を得ていて、約50回の洗濯に耐え、南アフリカで一般的に使用されているそうです。

一方、国内では2015年初めに、薬品メーカーが空間用虫除け商品を「置くだけ」「吊るすだけ」で、「嫌な虫を寄せつけない」などと宣伝したことがあり

蚊が媒介する感染症

疾病名	媒介者	増幅動物	主な症状	流行地	病原体
デング熱	ヒトスジシマカ、ネッタイシマカ	ヒト	発熱、頭痛、眼窩痛など	アフリカ、南アジア、東南アジア、南米、日本（2014年）	ウイルス
チクングニア熱	ヒトスジシマカ、ネッタイシマカ	ヒト	発熱、関節痛、発疹など	アジア、アフリカの熱帯・亜熱帯地域	ウイルス
日本脳炎	コガタアカイエカ	ブタ	発熱、頭痛など	東南アジア、南アジア、日本	ウイルス
黄熱	ネッタイシマカなど	ヒト（サル）	発熱、嘔吐、筋肉痛など	アフリカ、南米	ウイルス
ウエストナイル熱	アカイエカ、ヒトスジシマカなど	トリ	発熱、頭痛、筋肉痛など	アフリカ、ヨーロッパ、中東、中央アジア、西アジア、ロシア、アメリカ	ウイルス
マラリア	ハマダラカ属の蚊	ヒト	発熱、悪寒など	熱帯地域	原虫

出所：大阪府立公衆衛生研究所

ました。これが、消費者庁から景品表示法違反に当たると指摘を受けた経緯があり、これを理由に防虫衣料でも効果を明確に表記したものは見当たりません。このため、効果を明確にうたう海外メーカー品と、あいまいな表示しかできない国内メーカー品の差が、技術の差なのか法令順守の差なのか一般消費者にわかりにくい状況になっています。

そのような中、蚊などの吸血昆虫や飛翔性昆虫が嫌がる成分を繊維に固着した防虫加工素材が、クラボウによって開発されました。蚊が開発品に止まらない様子を無処理品と対比して写真で示すなど、消費者にわかりやすい説明がなされています。

近頃は、物流網に乗って海外からいろいろな虫が入ってきたり、私たち自身も海外に出かけたりする機会が増え、蚊やダニなどいろいろな虫に接する機会が拡大しています。このような衣料および関連グッズは、今後も需要が伸びるものと思われます。そして、このような機会を逃さず、明確に効果をうたえる商品の開発が望まれます。

3 血管に貼りつけて血流の速さを測る

―感圧ナノファイバーによる極薄センサー―

結晶の大きさが1㎛よりも小さい炭素物質であるフラーレン、カーボンナノチューブ、グラフェンなどナノカーボンと呼ばれる炭素物質は、表面積の多さを利用した燃料電池セパレーターや水素貯蔵材料、強度と熱伝導性を利用したプラスチック複合材料、ポリマー表面にナノカーボンを樹脂コーティングした導電性繊維、ナノレベルで接触する部分での化学センサーやバイオセンサーなどへの応用が進んでいます。

ところで、従来の圧力センサーは曲げたときに性質が変化するため、測定対象が曲面の場合は正確に圧力変化を測定することが困難でした。

東京大学は科学技術振興機構戦略的創造研究推進事業の一環として、世界で初めて、曲げても性質が変化しないフレキシブルな圧力センサーの作製に成功しました。これはナノカーボンを含有する特殊なナノファイバーからなる不織布をつくることで達成できたものです。ナノファイバーは直径が1㎛未満で、この不織布を以下、感圧ナノファイバーと称することにします。これにより、膨らませた風船のように柔らかい曲面の圧力分布も正確に測ることが可能になりました。

感圧ナノファイバーは、ゴム弾性を持つフッ素系エラストマーをマトリックスとして、ナノ微粒子のカーボンナノチューブとグラフェンを添加し、高電圧を掛けたノズル先端から液状に噴出させる「エレクトロスピニング法」で製造した厚さ2㎛の極薄ナノファイバー不織布です。この不織布を約1・4㎛厚の薄いポリイミド基板に積層させ、厚さ3・4㎛の非常に薄いフレキシブル圧力センサーを作製しました。

このナノオーダーの微小な導電性物質であるカーボンナノチューブと、グラフェン粒子が分散されたナノ

感圧ナノファイバーの作製方法

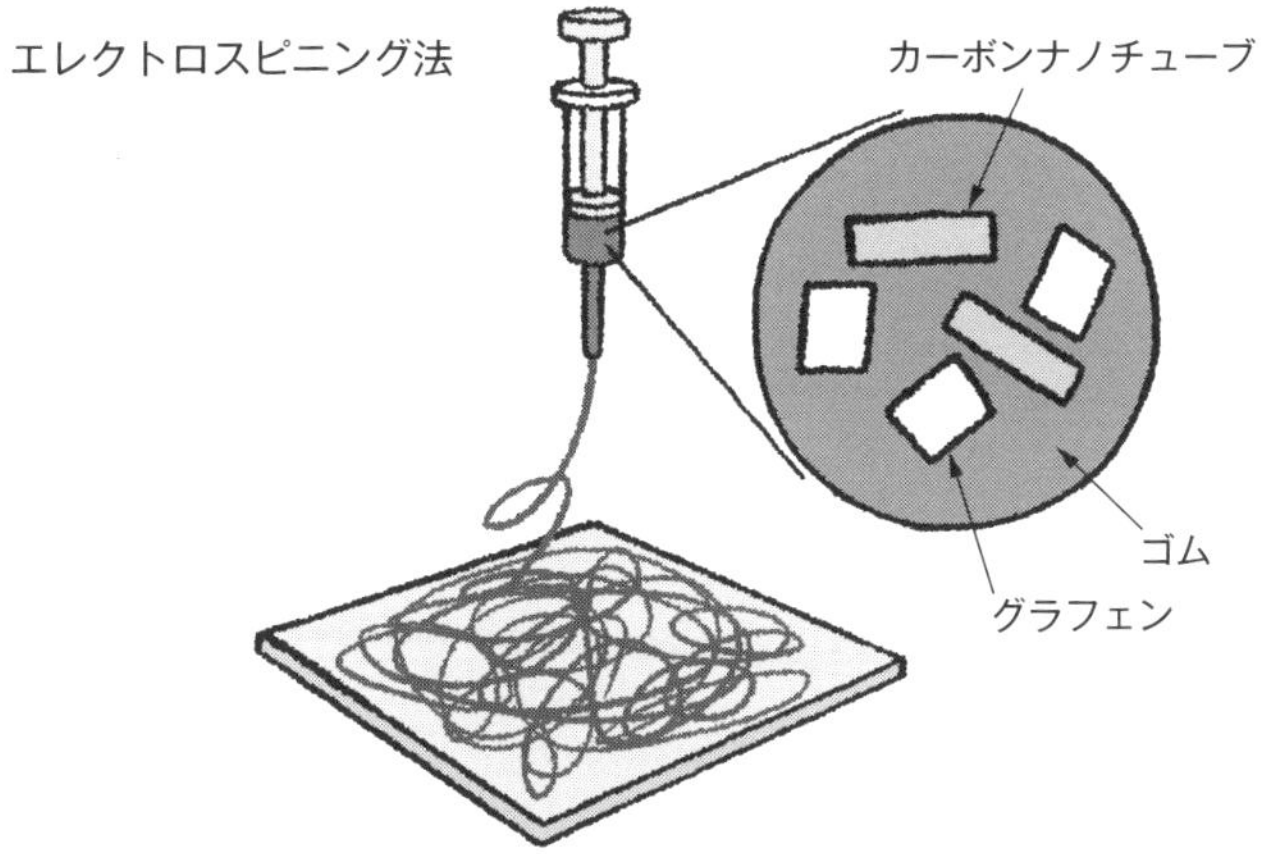

エレクトロスピニング法；溶解した材料から紡糸を（スピニング）する手法。
細かくとがったノズルに高電圧をかけて液状の材料を噴き出させることで、
直径がナノ寸法のナノファイバーが作成可能

出所：東京大学大学院工学研究科染谷研究室、記者発表会資料、2016年1月22日

フレキシブル圧力センサーの原理

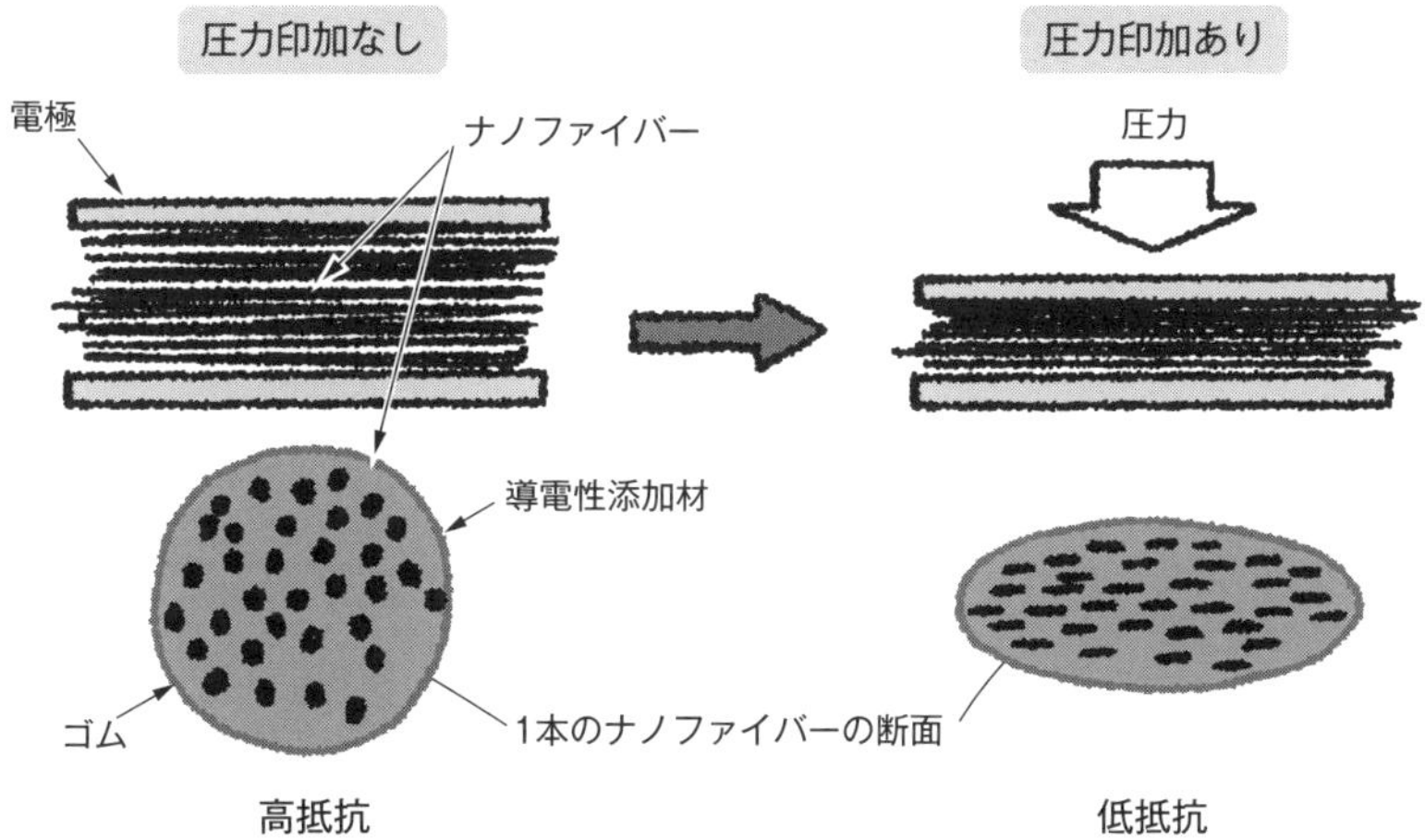

出所：東京大学大学院工学研究科染谷研究室、記者発表会資料、2016年1月22日

ファイバー不織布からなるフレキシブル圧力センサーに圧力を加えると、ナノファイバー中の導電性物質間の距離が近づき、かつナノファイバー同士の密着度も高まるため抵抗値が下がります。

従来の比較的厚みのある柔らかい素材でできた圧力センサーは、曲げたりよじれたりすると、変形に伴うひずみのためにセンサーの性質が大きく変化し、正確に計測できなくなる問題がありました。しかし、感圧ナノファイバーを使うことにより、センサーの厚みを薄くすることができます。

圧力センサーの厚みを変えて折り曲げたときの曲率半径と抵抗の変化を見ると、センサーの厚みを75㎛→12・5㎛→1・4㎛と薄くすることで曲率半径の変化（曲げ変形）の影響を受けなくなり、1・4㎛ではセンサーの厚みに比例して発生するひずみの影響をほとんど受けなくなります。実際、感圧ナノファイバーを折り曲げていき、曲げ部分の曲率半径が80㎛になっても、圧力センサーとしての性質は変化しないことが確認されています。

圧力センサーは、それに加わる圧力の変化を抵抗の変化として読み出します。感圧ナノファイバーに加える圧力を0〜70Paに変化すると抵抗値が2ケタ、0〜600Paでは6ケタ以上変化しますが、この抵抗変化を電気的に読み出す方式です。応答時間は20ミリ秒（圧力を加えるとき）、5ミリ秒（圧力をなくすとき）と短く、フレキシブル感圧センサーの感度としては世界最高レベルで、耐久性があることも確認されています。

このセンサーを動物実験に使うシリコーンゴム製の人工血管に貼りつけて、人工心臓装置で発生させた疑似脈流の脈動による圧力変化を計測し、血流速度を測るというユニークな実証実験を行っています。

さらに、多点計測できるフレキシブル圧力センサー（多点センサー）を作製し、膨らませた風船の表面を2本の指で押しつぶして風船を大きく変形させても、多点センサーはこの変形によるひずみの影響を受けず、指で圧力を加えたところだけを正確に計測することに成功しました。

曲げても性質が変化しないフレキシブル圧力センサーが実現できたことで、ゴム手袋のように柔らかい曲

曲げても性質が変わらない圧力センサー

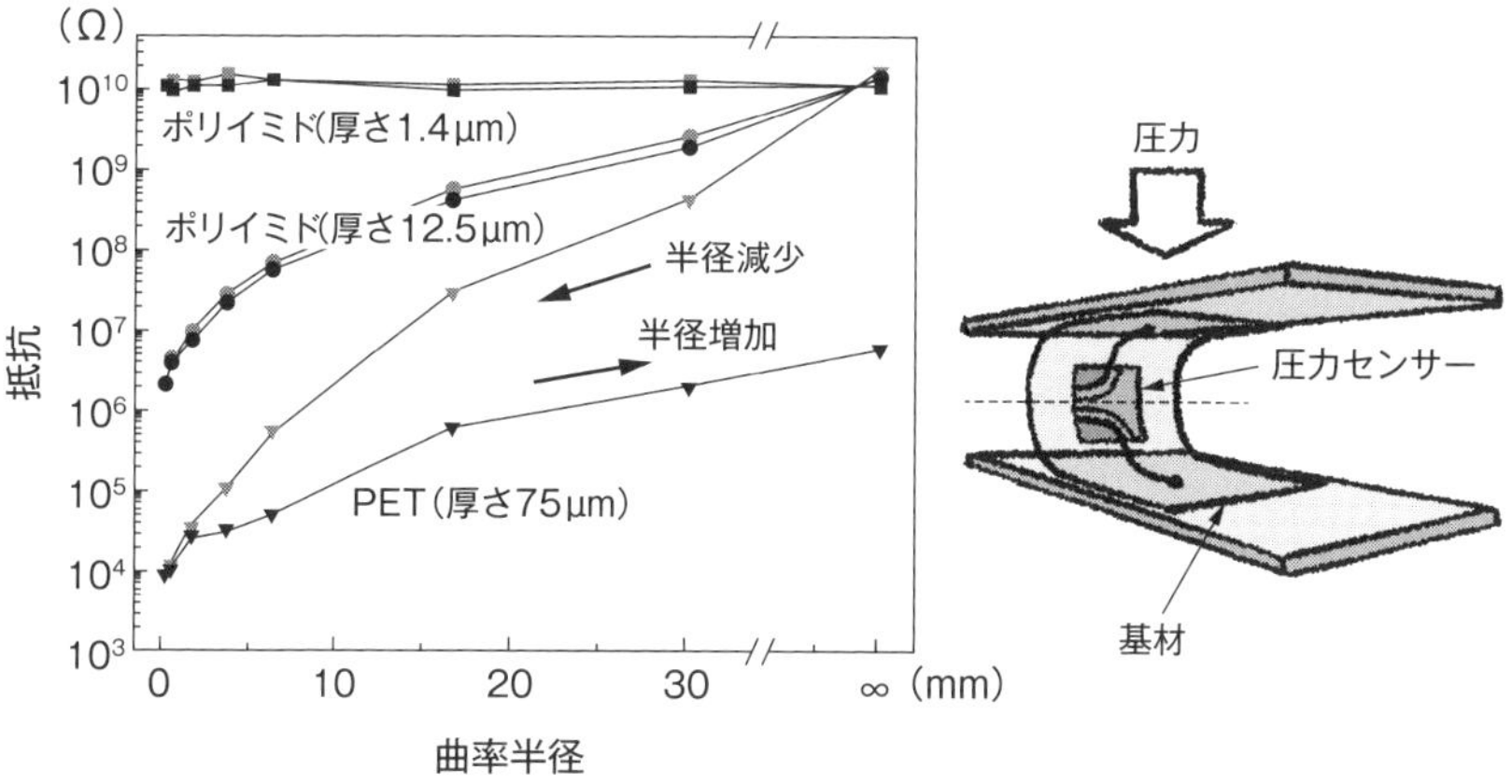

ポイント

①基材の薄膜化　②ナノファイバーで薄膜化

出所：東京大学大学院工学研究科染谷研究室、記者発表会資料、2016年1月22日

フレキシブル圧力センサー

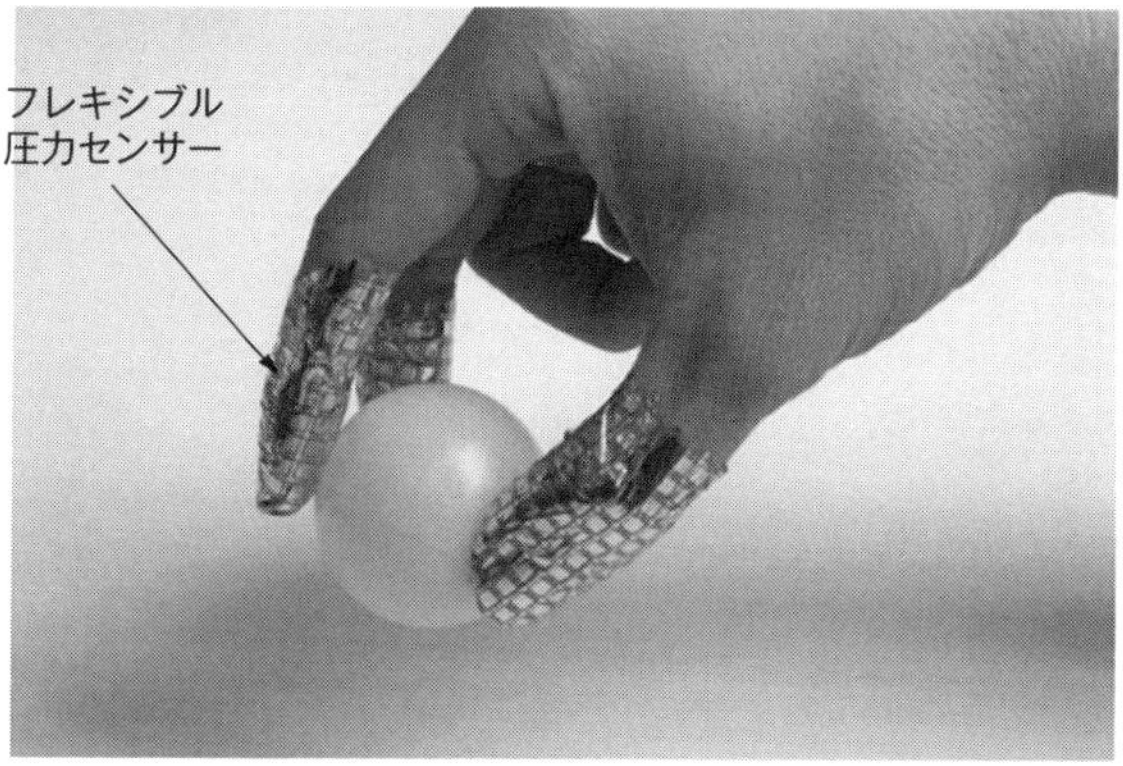

指先につけたフレキシブル圧力センサーで、柔らかいボールをつかんだ部位の圧力を正確に計測できる

出所：東京大学記者会見開催のお知らせ、会見日時2016年1月22日より

面上でも高精度な計測が可能になります。これまで感覚に頼った乳がんのしこりの触感を、センサーを使って定量化するデジタル触診など、医療・福祉、健康・ヘルスケア、スポーツなど多くの分野での応用が期待できます。

4 薄型のストレッチャブルひずみセンサー
―カーボンナノチューブで指や関節の動きを検出―

カーボンナノチューブ（CNT）は電気特性、機械特性、熱特性などに優れたナノ繊維です。CNTは長さが数㎛程度の粉末状であり、樹脂や溶液などに分散して利用すると、CNTの優れた特性はマトリックス材料の特性に打ち消され、本来の性能を十分に引き出すことは困難でした。しかし、CNTが基板上で垂直方向に配向したCNTアレイから乾式紡績と呼ばれる方法で、CNTシート（ウェブ）や糸をつくることができ、CNTの優れた特性を高度に利用できるようになりました。

静岡大学井上研究室では、多層カーボンナノチューブ（MWCNT）アレイを短時間で成長させる化学気相堆積法（CVD）で、従来よりも長く㎜オーダーの長尺CNTアレイをつくることに成功しています。CNTアレイは、基板上に垂直に配向成長しているアレイの一端を水平方向に（ピンセットで）引き出すことができる特徴を持ち、MWCNTをほどきながら引き出して〝CNTウェブ〟と呼ばれる一方向に配列した不織布シートをつくることができます。蚕の繭から糸を紡ぎ出す動作に似ており、乾式紡績と呼ばれています。特殊なツールを必要とすることなく、連続的にCNTウェブが得られ、これに撚りを掛けて引き出すことでCNT紡績糸が得られます。

MWCNTアレイは、高密度で垂直に配向して成長した状態で、基板全域にわたって起毛したようになっており、紡績性が良い特徴があります。引き出された不織布状CNTウェブは直線度（配向度）が高く、CNTが絡まっている部分と絡まりの弱い部分を持ち、引張による電気抵抗の変化から変位を計測できます。

さらに、MWCNTアレイを短時間で成長させるC

VDを開発することで、従来は長くても1㎜程度のアレイであったが、2㎜以上のCNTでも高い紡績性能を持つアレイが可能となり、長尺CNTアレイを紡いで作成したCNT紡績糸に撚りを加えることで、機械特性と電気伝導特性のさらなる改良が進化しています。

楽器メーカーのヤマハが開発した「薄型のストレッチャブルひずみセンサー」は、CNTを一方向に配向した不織布状のウェブシートに特殊なエラストマーをはさんだMWCNTシートです。CNTウェブに伸張・収縮のひずみを与えることでCNT間のギャップが変位し、電気抵抗値がひずみ量に比例して変化するため、与えた変位を検知できます。

CNTの乾式紡績

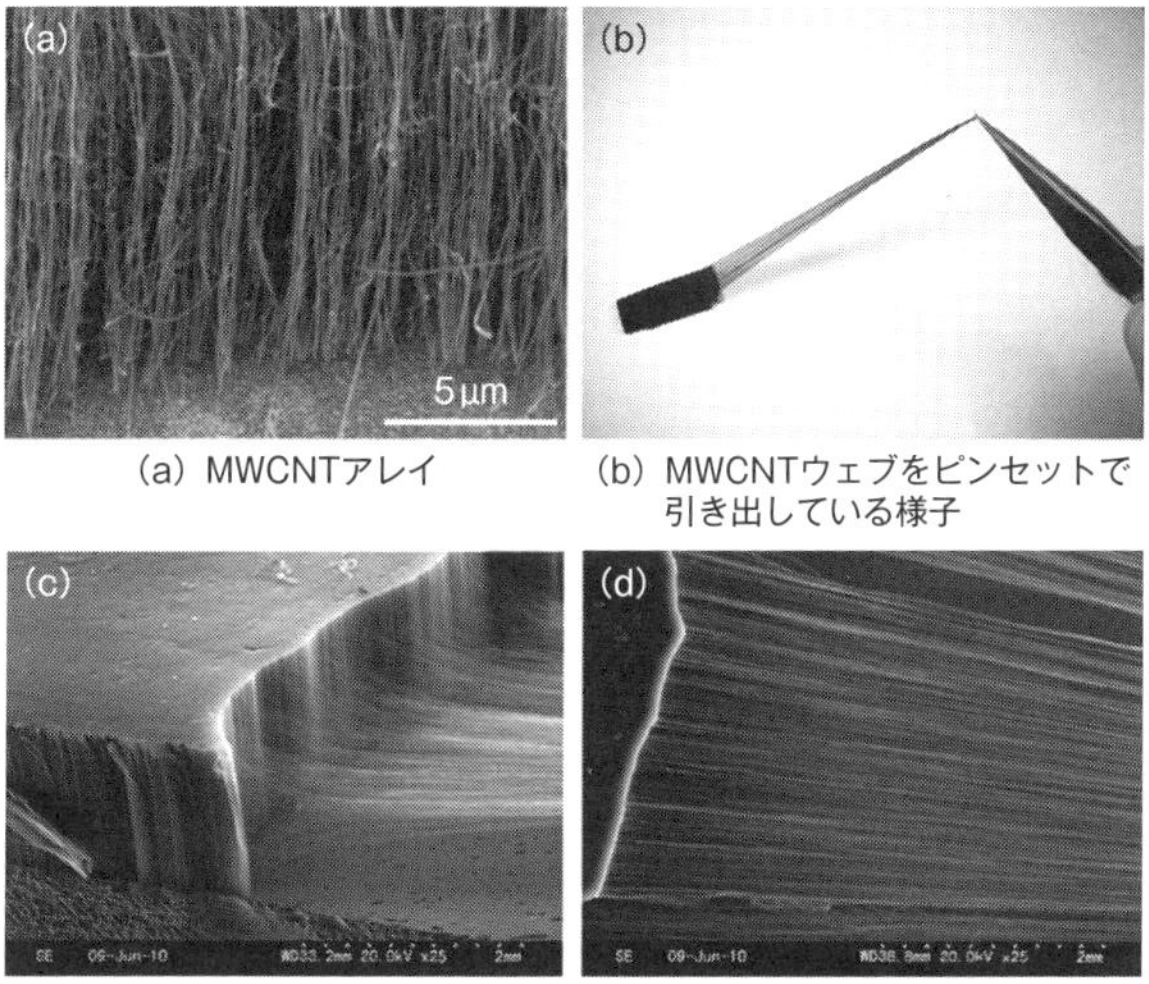

(a) MWCNTアレイ

(b) MWCNTウェブをピンセットで引き出している様子

(c) アレイからウェブを引き出している境界部

(d) MWCNTウェブ

提供：静岡大学井上研究室

MWCNTウェブシート

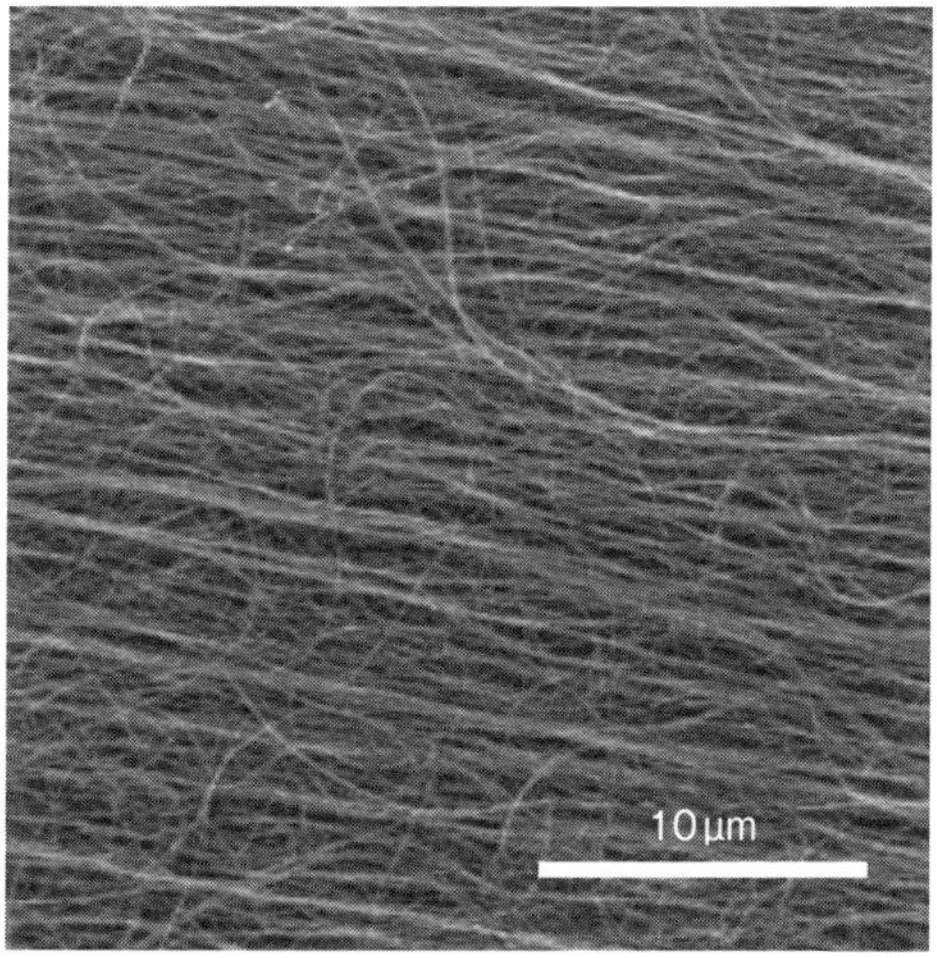

一方向に配向した不織布状のMWCNTウェブシート

提供：静岡大学井上研究室

たとえばCNTひずみセンサーを手袋に取り付け、モーションデータセンシングなどに使うことができます。CNTひずみセンサーを取り付けたヤマハの「データグローブ」では、指の動きを把握できます。

2015年1月に開かれた第2回「ウェアラブルEXPO」展のヤマハの展示ブースでは、このセンサーを組み込んだグローブをはめてピアノを演奏するピアニストの繊細な指先の動きを記録し、リアルタイムに曲げの強さを可視化するデモンストレーションを行っていました。縫い針の穴に通せるほどに細い糸状のセンサーを、テープ状のひずみセンサーの代わりに手袋に縫いつけることで、センサー自体も短くでき、より局所的な動きを高精度に測定できるようになります。

ゴムのように伸縮する「CNTひずみセンサー」は、手・足首・肘などの、人間のごくわずかな動作でも正確に読み取り、リアルタイムで無線または有線通信でモニタリングできます。

このようにCNT素材は優れた電気特性、機械特性、熱特性を持っていますが、従来法は粉末状であり、工業的な利用方法には限界がありました。それが、長尺MWCNTアレイからCNTウェブやCNT紡績糸が容易につくれるようになり、2次元（面状）の不織布化技術、さらには1次元（紡績糸）化技術を利用して織物・編物構造体にすることもでき、その利用分野は大きく拡大・進歩します。

すべてのものがインターネットにつながるIoT時代を迎え、人体のモーションセンシングおよび計測データの無線通信分野や、複雑な形状物のひずみの測定分野、さらには次世代ロボット分野などのキーマテリアルとして、CNTセンサーのますますの活躍が期待されています。

一口メモ

薄型のストレッチャブルひずみセンサーは、ウェアラブルセンサーとして身につけるだけで手・足・肘などの運動動作をリアルタイムにモニタリングすることができ、スポーツや医療、介護、健康維持などに応用できます。

CNTナノ構造変化と動作原理

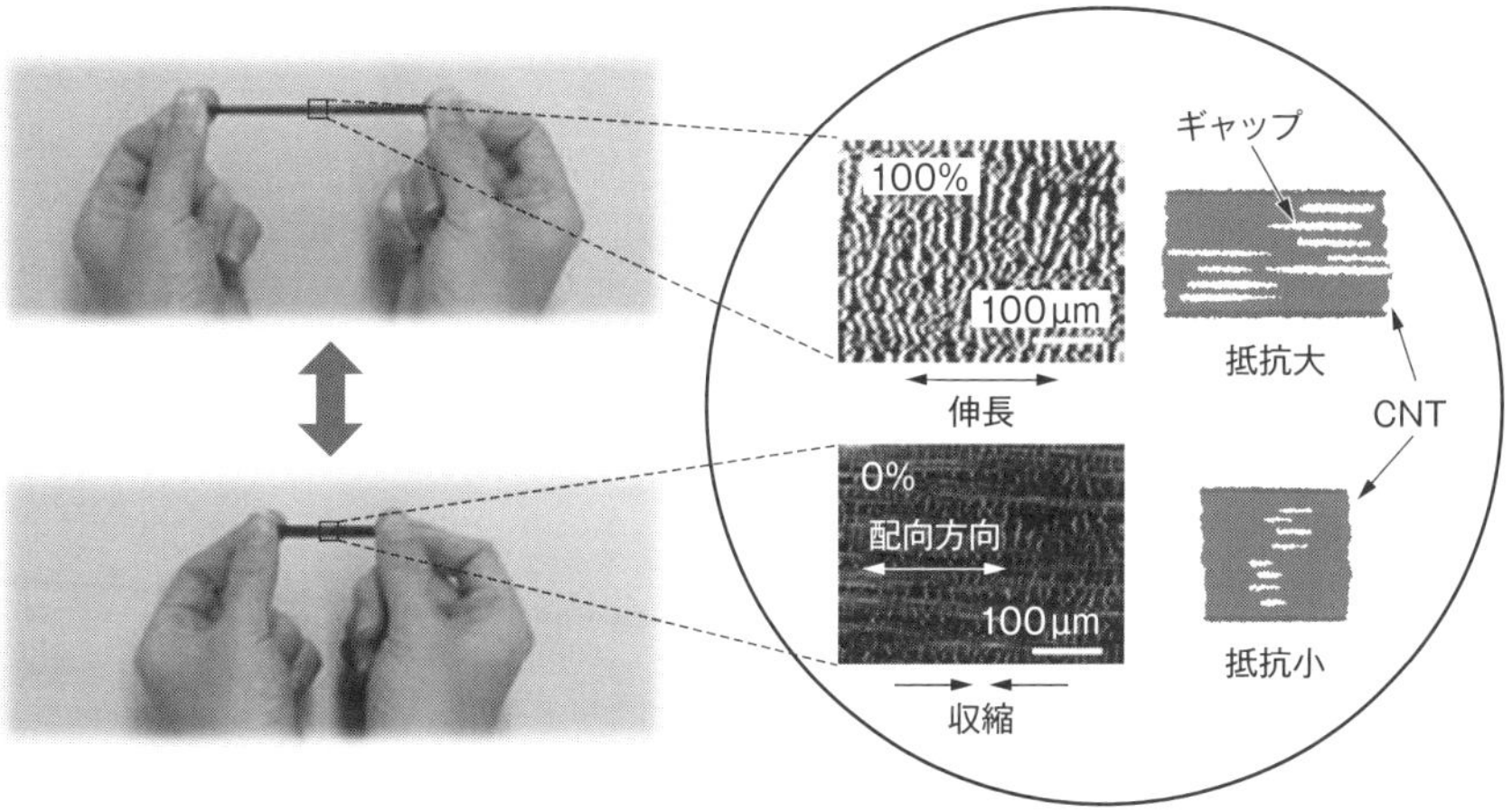

MWCNT構造のギャップで抵抗が変わる
MWCNTシートの結合が弱い数十μmの欠陥部（ギャップ）が、
引張により空間が広がり抵抗値が大きくなる

提供：ヤマハ

データグローブ

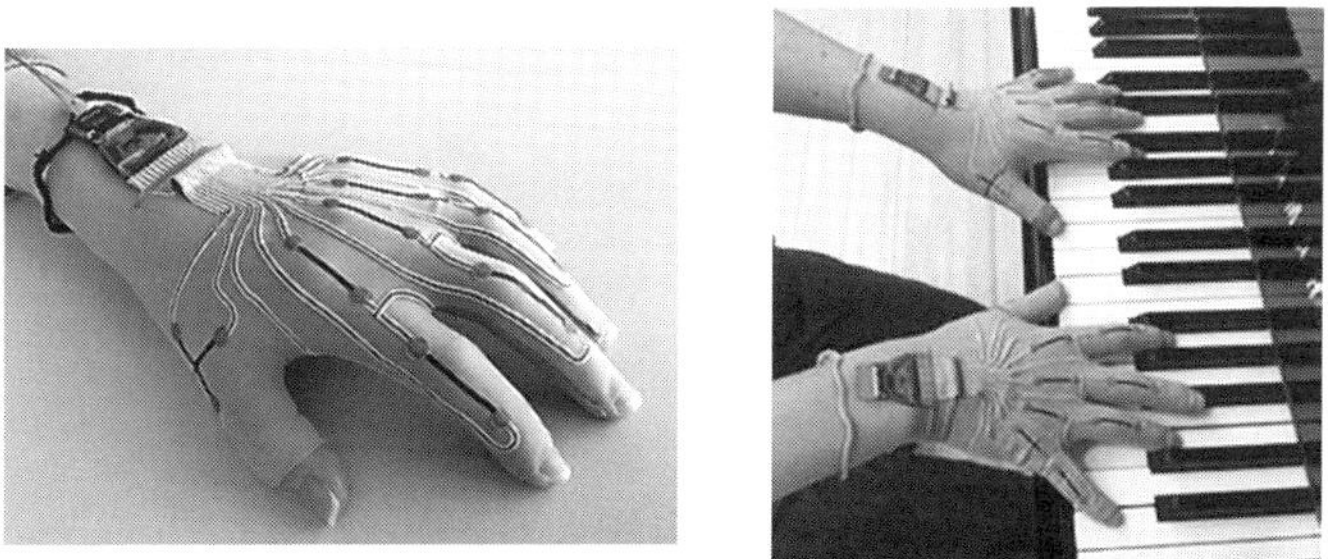

指の動き検出

バンド型ツール

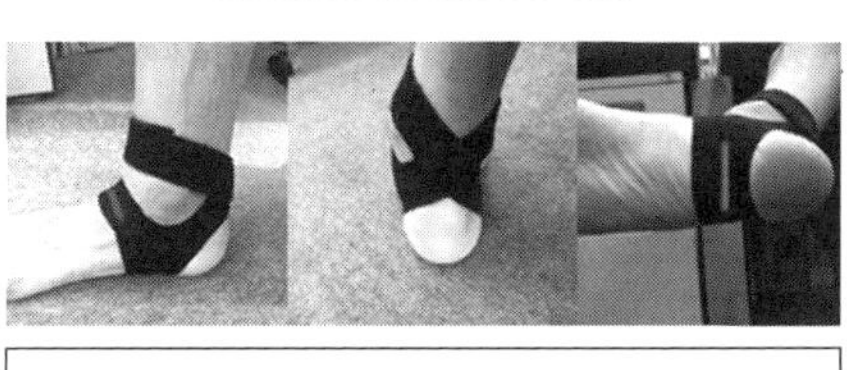

運動動作の正確性検出
⇨かかと上げ、スクワット、片足立ちなど

5 体調管理する繊維

—身体や心の動きを読むウェア—

身体に直接装着して利用するウェアラブルな生体計測機器には、めがね型から時計型、手首に巻いたり、身体に巻きつけたりするタイプなど機能や目的に応じてさまざまな電子部品が使われ、計測技術の小型化と無線化が急速に進歩しています。

たとえば、心電・心拍、脳波などの生体信号を測定する場合、従来は皮膚表面をアルコールでふき、電解質ペーストを貼付する前処理を施し、皮膚と電極との電気抵抗を小さくさせて生体信号を検出していました。しかし、最近の生体信号測定にはドライ電極が使われ始め、従来行っていたような電極と皮膚との前処理は不要になってきており、高感度で生体信号を容易に検出できるようになっています。

また、得られる信号は増幅されますが、その増幅器は電極と同一の小型容器に収められています。つまり、センサーと増幅器が一体化し、増幅された信号は従来、有線で増幅器に伝送されていましたが、最近ではパソコンに無線で送りデータを解析してくれます。このように小型化された情報機器（e—デバイス）をテキスタイルと統合一体化し、着用時に生体信号取得機能を持たせ、通常のテキスタイルと同様な取り扱いが可能なものを、e—テキスタイルや、スマートテキスタイルと呼んでいます。

最近、身体の動きや心拍、心電波形などの生体信号を測りながら体調管理できる下着やスポーツウェアなどが発売されています。ウェアにつけた小型の電極材で機器間を無線接続でき、着るだけで心拍や心電波形などを計測できます。このウェアラブル機器には、装着時の皮膚の伸び縮みに追随して、人体皮膚面にピッタリ装着するような繊維材料が開発されています。

生体情報が得られる素材

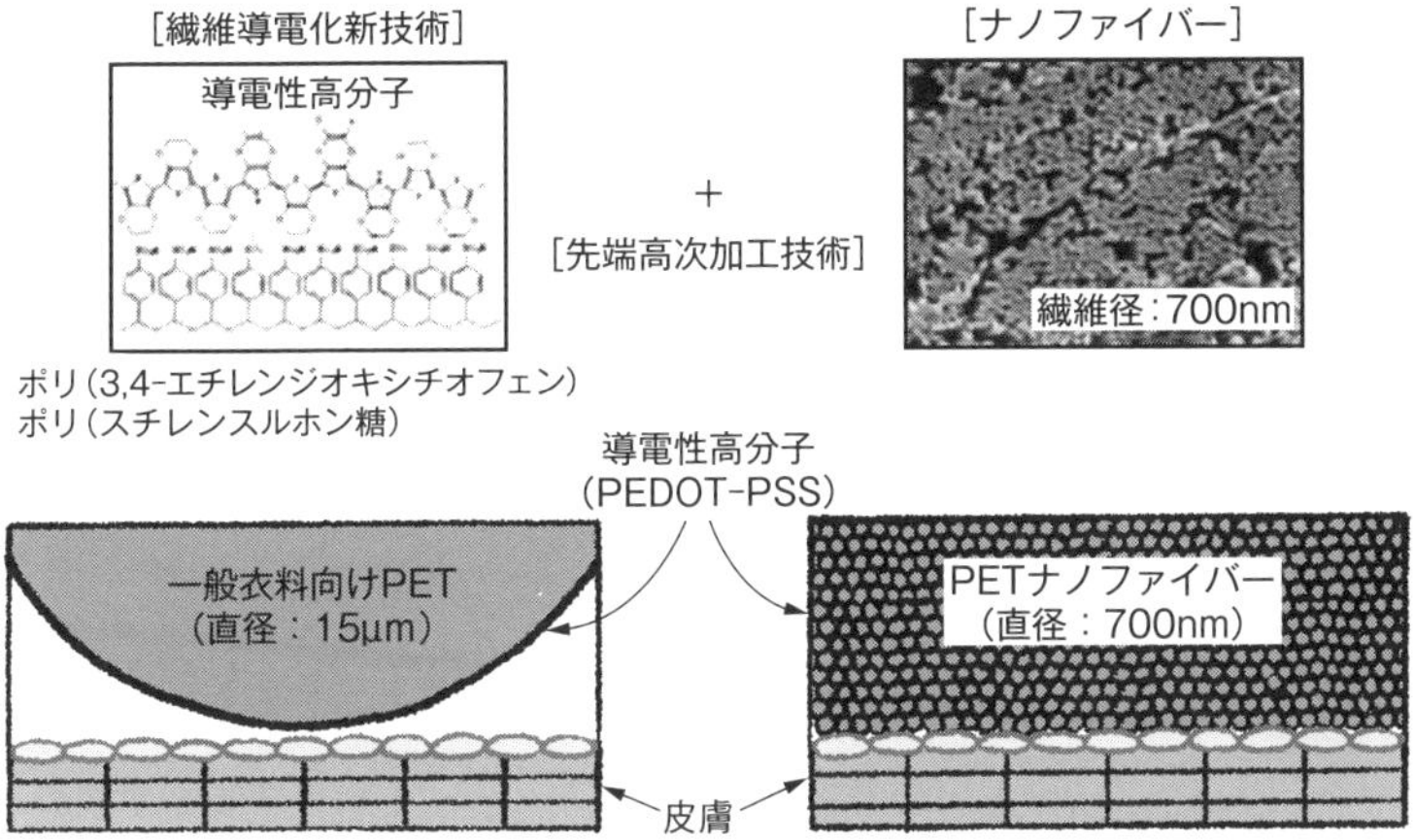

「ナノファイバー間細分化空隙への導電高分子含浸」による「高導電性」と「実用耐久性」
「皮膚への密着・変形効果」による生体信号の「高信頼検出」性能を達成

導電性高分子を直径700nmのナノファイバーの繊維間空隙に高含浸させた柔軟で通気性のある電極素材

出所：日本繊維製品消費科学会誌、Vol.56 No.5、2015年
提供：ＮＴＴ、東レ「hitoe」

高齢化社会において、元気で健康であるために疾病の早期発見・早期治療の必要性が増し、心臓発作などの健康管理に対するリスク軽減のためにも心拍や心電波形の日常モニタリングへの関心は高まっています。また、働き盛り世代は職場環境の中でさまざまなストレスを抱え、心拍や心電波形の日常モニタリングにより心と身体の状態を把握することは、健康管理維持のためにも有効です。

従来の心電図用の医療用電極では、電解質ペーストを皮膚に貼付させて計測するため装着感が悪く、かぶれやかゆみを伴うこともあり、長時間のモニタリングなどには不向きでした。また、心拍計などを装着して運動するケースもありますが、従来の心拍計測には主に銀めっきした合成繊維が電極に使われています。しかし、金属めっきの硬さからくる皮膚との接触の不安定さに起因するノイズなども大きく、ベルトなどで、皮膚に強く圧迫固定する必要があります。日常生活における生体モニタリングは、このような技術的な制約より実現には課題がありました。

生体信号が得られる素材を用いたウェアは、着るだ

けで心拍・心電情報を連続的に計測する機能が集約されており、日常生活を阻害せずに利用できるため、職場、学校、スポーツ、運転中など多くの局面での活用が期待されます。読み取った心拍や心電波形から、着ている人の心と身体の状態がリアルタイムでわかり、健康管理・体調管理に役立てることができます。

生体信号が得られる素材の開発には、生体信号を安定して得るための電極素材の開発が必要です。

ＮＴＴは導電性が良好で、環境安定性にも優れた導電性高分子を活用した生体電極の研究を実施していました。シルク繊維表面に導電性樹脂をコーティングし、その糸をテキスタイル化することで、安定した生体信号を取得できる柔軟で伸縮性・通気性・親水性のある導電性繊維の開発に成功しています。ＮＴＴでは、この導電性高分子・シルク複合素材の生体電極を用い、実験動物（ラット）の心電波形を計測したところ、電解質ペーストを用いる医療用電極に匹敵する信号が取得可能であることがわかりました。

一方、金属めっきした繊維を電極として用いた場合では、呼吸性の体動による基線の動揺や、体表面との接触抵抗に起因するノイズの発生などで、安定した心電波形計測は困難でした。ＮＴＴの導電性高分子・シルク複合体の電極は、親水性・柔軟性に優れた特徴により身体から出る汗や蒸気を吸い、体表面と優しく密着して馴染むことで安定な心電図計測を可能とし、電極ウェアをつけた試験で心拍変動の長時間計測が安定に実施できることを検証しています。

課題として、睡眠時の電極の密着性（着衣圧）の低下や、肌の乾燥のためにノイズの発生や信号遮断を引き起こし、長時間の心拍計測を妨げることがわかりました。そこで、電極の肌への密着性を確保するためのウェア仕様、肌の保湿方法を重要なポイントとして、東レと生体信号が得られる新しい素材の共同開発を進めてきました。

東レとＮＴＴは、電解質ペーストなしで心拍、心電波形が計測できるウェアラブルな電極素材の開発に、繊維導電化技術とナノファイバー技術とを融合させ、ナノファイバーの繊維構造内の無数の繊維間空隙に特殊コーティング技術を施し、生体信号の高感度な検出と優れた耐久性を実現しています。

基本構成と心電波形

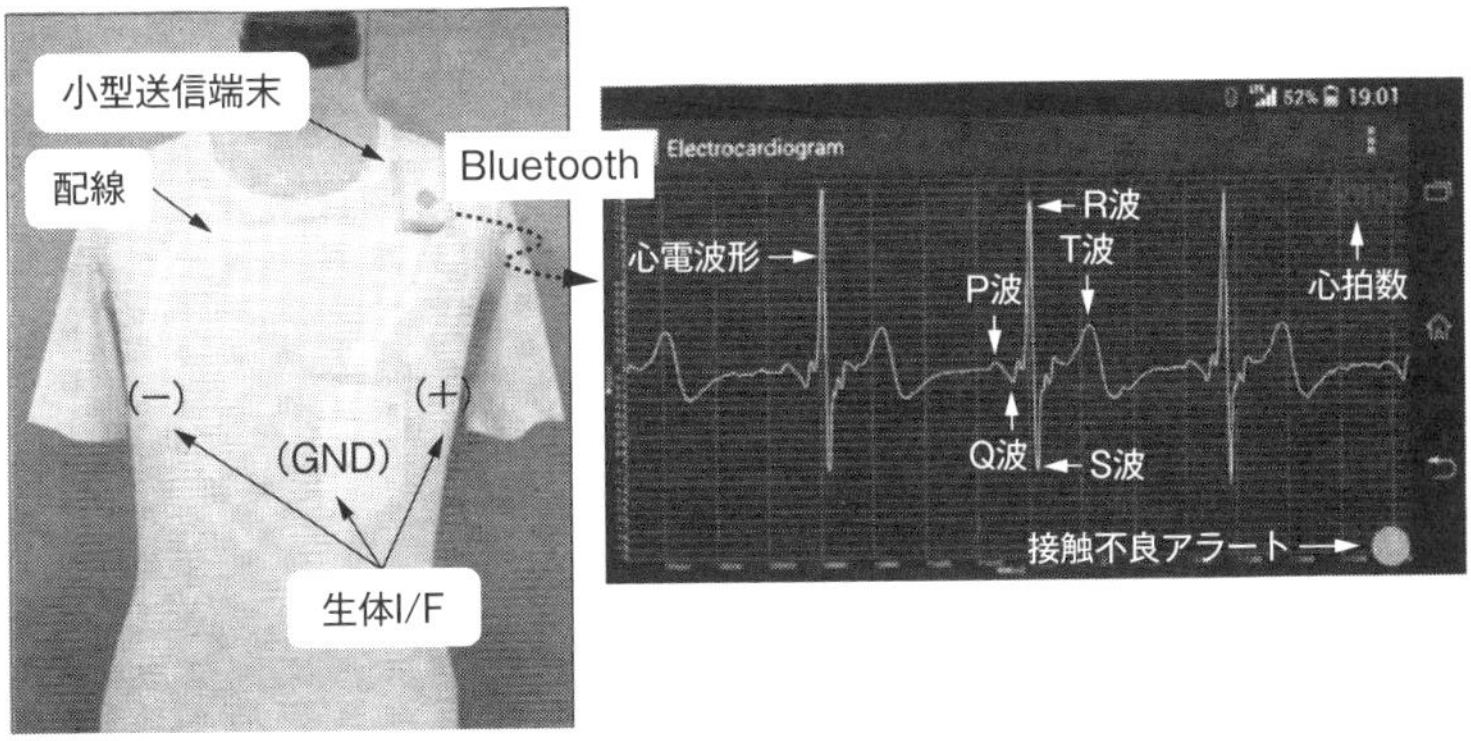

着るだけで、心電波形のQRS波（心室筋の動き）が正確に計測される
心拍変動は自律神経機能やストレスと密接な関わりがあり、睡眠時を含めた
メンタル・フィジカルの両面で定量的な評価に活用できる可能性がある

出所：日本繊維製品消費科学会誌、Vol.56 No.5、2015年
提供：NTT、東レ「hitoe」

生体信号が得られる素材を装着したウェアは、心電波形をリアルタイムでスマートフォンに無線転送でき、データ処理して可視化することで運動負荷やメンタルな面での分析に活用できます。

生体信号が得られる素材を装着するウェアには、装着するヒトの体型差をカバーするために、着用時のサイズが多少異なっても一定の着圧が得られやすい特殊な高伸縮性の生地を用いています。そのため、安定した生体信号を得ることができます。

高伸縮性の生地は、通常の伸縮性を有する生地に比べて、生地の伸びが小さいところでは通常よりも大きな着圧になり、生地の伸びが大きいところでは通常よりも小さな着圧が得られます。生地素材にはストレッチ性のあるポリウレタン弾性糸を使うことで、安定した生体信号が得られ、ウェアの着圧制御生地として適用できます。

このように、着るだけで生体信号が得られる素材を使い、身体や心の動きを読むことが可能になり、繊維の機能が体調管理に役立つことが期待されます。

6 自ら情報発信する繊維の不思議
―ポリ乳酸繊維をウェアラブルに―

水晶や特殊セラミックス、高分子材料に圧力を加えると、ひずみを生じて圧電が発生します。この圧電信号を利用したものには、身近な例ではライターの着火石があります。圧力を加えることで10000V程度の高い電圧が発生し、火花でガスに引火させる仕組みで、圧電信号を利用して火をつける商品です。

ポリ乳酸は植物起源の素材から合成できるバイオプラスチック高分子ですが、曲げたり伸ばしたりすると圧電を発生します。ポリ乳酸の圧電性は、実用化セラミックス材料であるチタン酸ジルコン酸鉛（PZT）の数十分の一以下です。高分子の中ではポリ塩化ビニル樹脂（PVC）やアクリル樹脂（PMMA）よりも高く、その高い透明性と柔軟性がある点から、圧電性高分子フィルムとしてさまざまなアクションに際して信号を発生するため、新しいヒューマンマシンインターフェイス（HMI）として期待されています。

こうした中で、2015年に東京ビッグサイトで開催された第1回「ウェアラブルEXPO」で、L型ポリ乳酸（PLLA）繊維を使った圧電ファブリックが発表され、注目を集めています。

人体生理信号を検出する手段を肌着やウェアに取り付ける商品は、ウェアラブルファブリックと言われます。

人体生理信号情報の伝達や身体へのフィット性を高めるために、導電性のある高分子材料や繊維の太さ・形態などを工夫した商品が発表されていますが、繊維自身の圧電効果で情報発信するファブリックは世界初の技術です。このファブリックでつくった服を着用して身体を動かすと、ファブリックに加わる「曲げ変形」や「ねじり変形」により発生する電気信号で、遠

圧電信号による遠隔操作

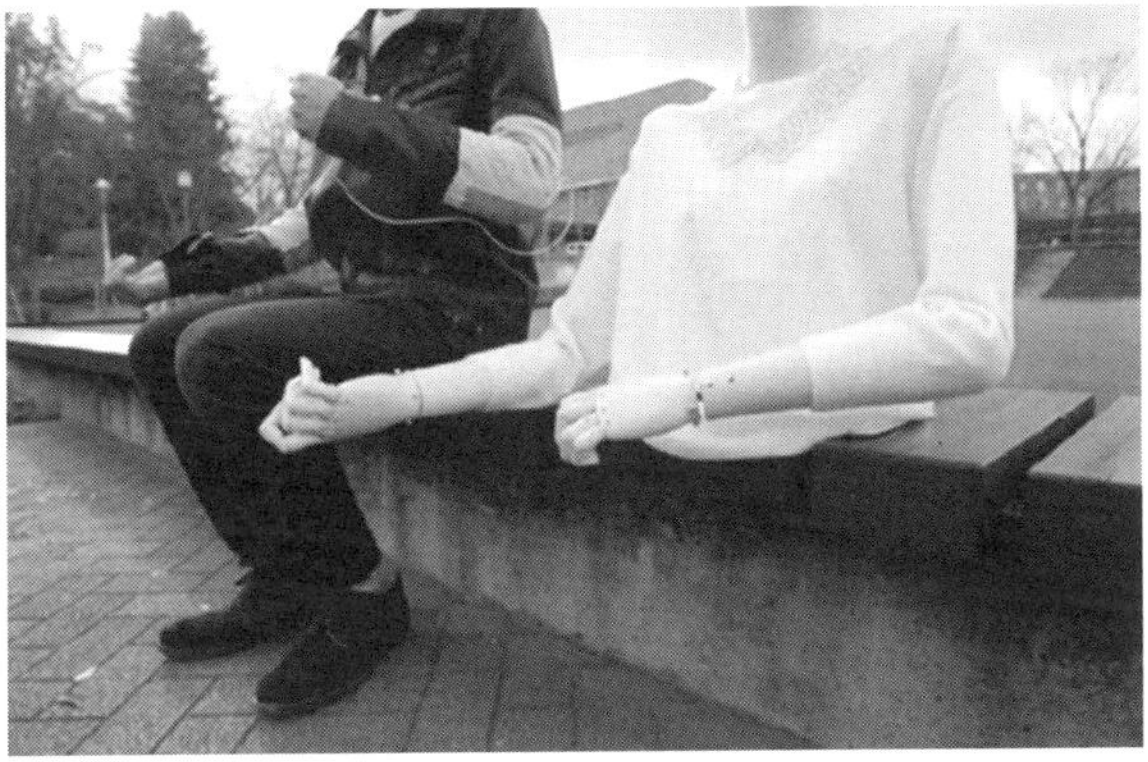

ひじ部分に圧電ファブリックを貼ることで、ロボットに
同じ腕の動きをさせせることができる

提供：関西大学
出所：繊維学会会誌「繊維と工業」、Vol.71 No5、2015年、p.236

圧電ファブリックの原理

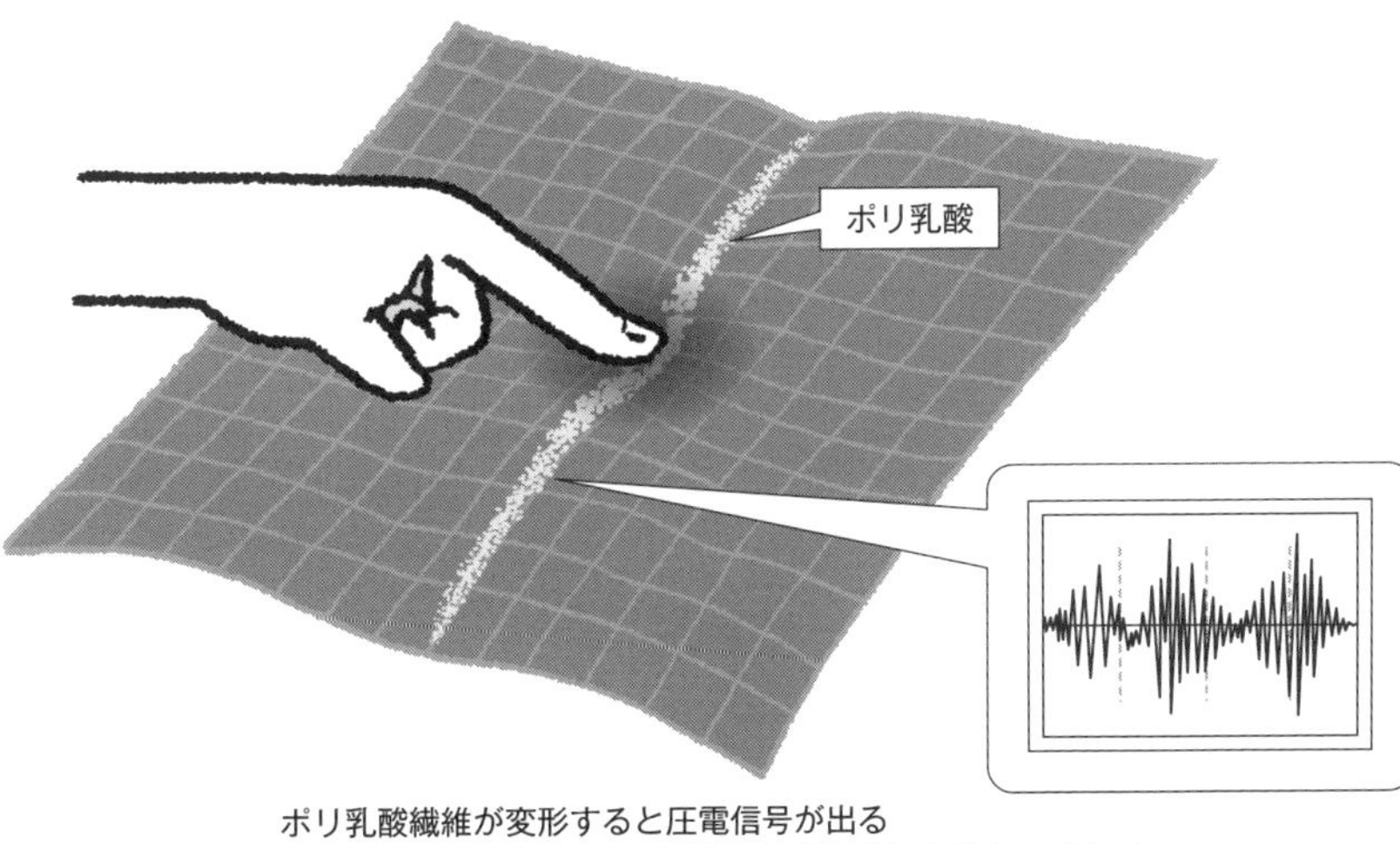

ポリ乳酸繊維が変形すると圧電信号が出る
電気信号はポリ乳酸繊維に隣接した導電繊維を通じて流れる

提供：帝人

圧電物質について

圧電体	物　質	圧電率 (pC/N)
無　機	チタン酸ジルコン酸鉛	110
	チタン酸バリウム	78
	酸化亜鉛	52
	水晶	2.5
高分子	ポリフッ化ビニリデン	25
	ポリ乳酸	18
	ポリベンジルLグルタメート	4
	ポリメチルLグルタメート	3
	ポリ塩化ビニル	3

ポリ乳酸の特徴	
	・圧電性能が高い ・焦電性（温度依存性）がない ・ボーリング処理（電界配向処理）が不要

出所：バイオベースマテリアルの新展開、帝人、2007年

隔地のロボットを動かすことができます。

圧電ファブリックは、圧電性繊維としてPLLA繊維、導電性繊維として炭素繊維で構成されるファブリックです。スマートフォンやタブレットタイプのパソコンのタッチパネルなどに使われるフィルムでは、筐体でフィルムはしっかりと固定され、タッチ動作によるフィルムの変位を電気信号に変換できます。

しかし、1本のPLLA繊維だけでは「曲げ（伸縮）」変形による電位の発生しか検出できませんが、タテ糸とヨコ糸で構成される織物にすることで、タテ糸とヨコ糸との交点で「ねじり」などの変位を検出できるようになります。PLLA繊維に電位を与え、電極に炭素繊維を使うことで、圧電センサーだけでなくアクチュエーターとしても使えることになります。

たとえば「平織組織」では、タテ糸とヨコ糸が交互に浮き沈みして交錯しており、交錯点が多くしっかりした構造で、「曲げ」を検出できます。「朱子織（サテン）組織」ではタテ糸とヨコ糸との交錯がルーズで、交錯点は織物のタテ方向に対して斜め方向に走り、「ねじり」変位を検出できます。また、「綾織組織」で

圧電ファブリックの圧力信号

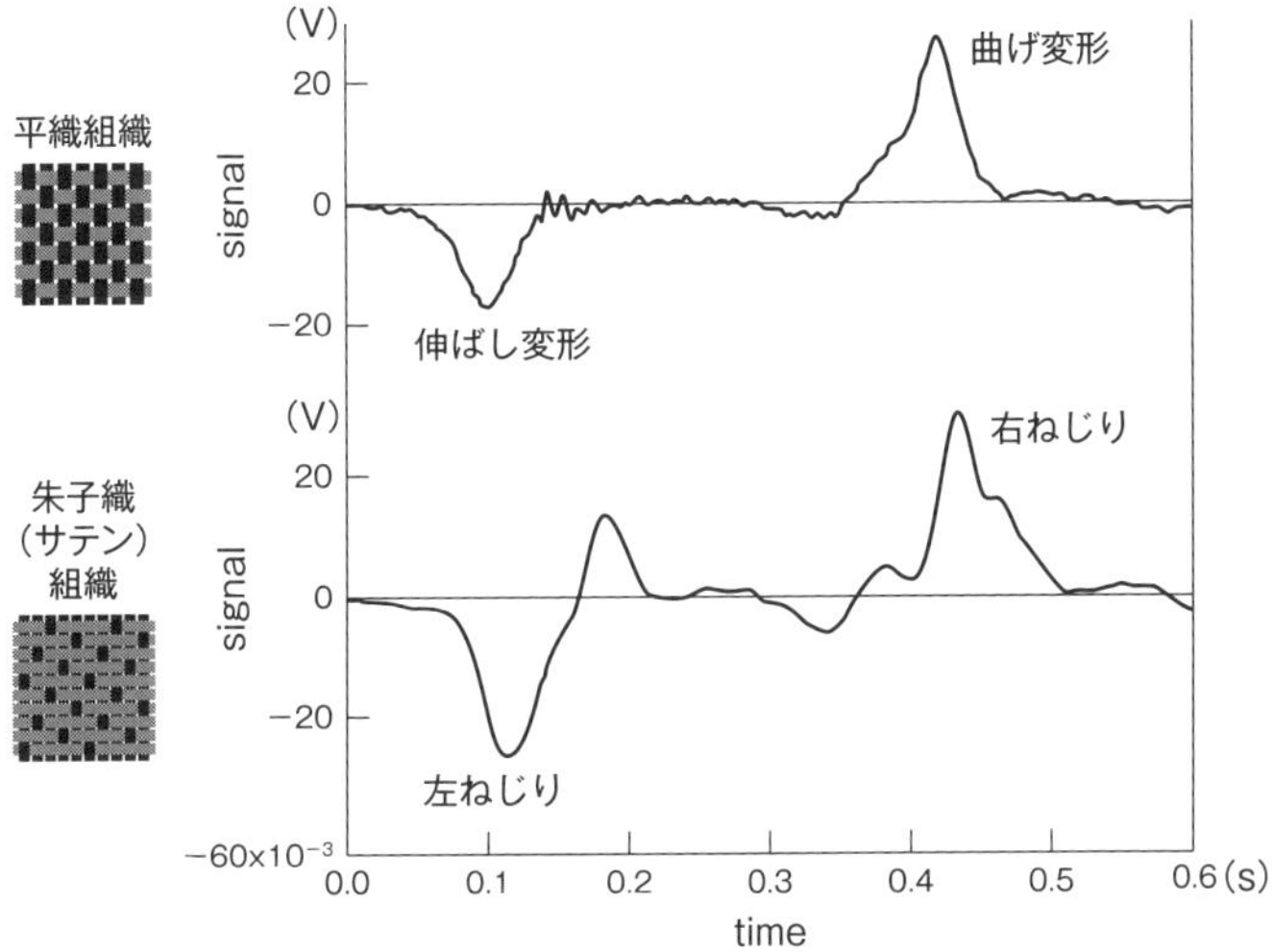

出所：繊維学会会誌「繊維と工業」、田實・山本、Vol.71 No.5、2015年、p.236を改変

は、タテ糸をヨコ糸の上に複数本飛ばす組織で、交錯点は斜め方向に走り「曲げ」「ねじり」に加え、「ずり」などの変位を感知できます。圧電ファブリックは異なる種類の織物組織を重ね合わせることで、さまざまな動きを検出できるウェアラブルなデバイスをつくることができます。

圧電ファブリックの技術は、日本の優れた繊維技術・製織製編技術と信号処理技術で開発されたものであり、今後はいろいろな用途での展開が期待されます。

衣服や寝具、椅子、靴底、手袋などの感圧センサーや形状変化センサー、関節部の曲げ、ねじり、伸縮を感知する医療・アミューズメント用センサーなどの用途が考えられます。また、このセンサーを利用して医療・介護やスポーツ用途、将来はさらに繊細なセンシングを実現することで遠隔操作・遠隔治療分野などへの広がりが期待され、あらゆるモノがインターネットにつながるIoT時代に、人工知能（AI）技術の一端を繊維技術で切り拓いていくものとして注目されています。

7 燃えにくい繊維
―消防士を火から守る―

火がついてモノが燃え始めることを着火または引火と呼び、モノが燃え続ける状態を燃焼と言います。燃焼は熱と光を伴う可燃物の酸化反応で、熱と可燃物、酸素の3要素が満たされたときに起こる化学反応です。可燃物が繊維の場合には、熱によって繊維が熱分解して可燃性のガスを発生し、このガスが空気中の酸素と混合して可燃性の混合ガスとなり、別の火源から引火するか、あるいは自然に発火する発火点（発火温度とも呼ぶ）に達すると燃焼が始まります。

いったん燃焼が始まると、燃焼による熱がまだ燃えていない部分の熱分解を順次促進し、燃焼状態が継続することになります。その熱分解の難易度は、繊維を構成する高分子の熱による切断の難易度、すなわち高分子主鎖を構成する化学結合の強弱の程度、具体的には主鎖の結合解離エネルギーの大小に左右されます。

一方、空気の組成は、一番変動しやすい水蒸気の量を除くと、おおむね窒素が79～80％、酸素が20～21％程度であり、空気中における酸素の濃度範囲内で酸化反応を持続できれば、繊維は燃え続けることになります。汎用的な繊維の中で、綿や麻、レーヨン、アセテート、アクリル、ポリエチレンなどは容易に燃えて速やかに燃え広がる「易燃性」の繊維に、また羊毛や絹、ナイロン、ビニロン、ポリエステルなどは容易に燃えるが、炎の広がりが比較的緩やかである「可燃性」の繊維に分類されます。

しかし、空気中における酸素の濃度範囲内では、酸化反応を持続できず、炎を遠ざけると消火する自己消火性の繊維もあります。このような繊維を燃焼させ続けるためには、空気中の酸素濃度を高くしなければなりません。繊維が燃え続けるために必要な最低限の酸

評価装置と燃焼試験状況

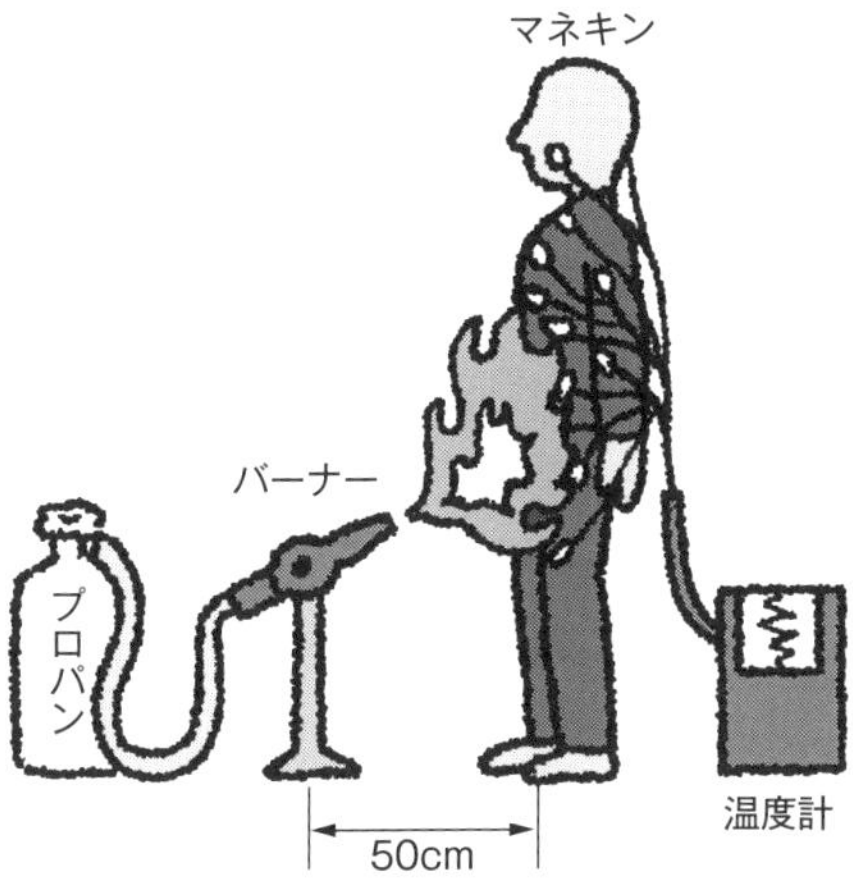
ガス火炎（1,200℃）を直接10秒間衣服に放射

設備概要

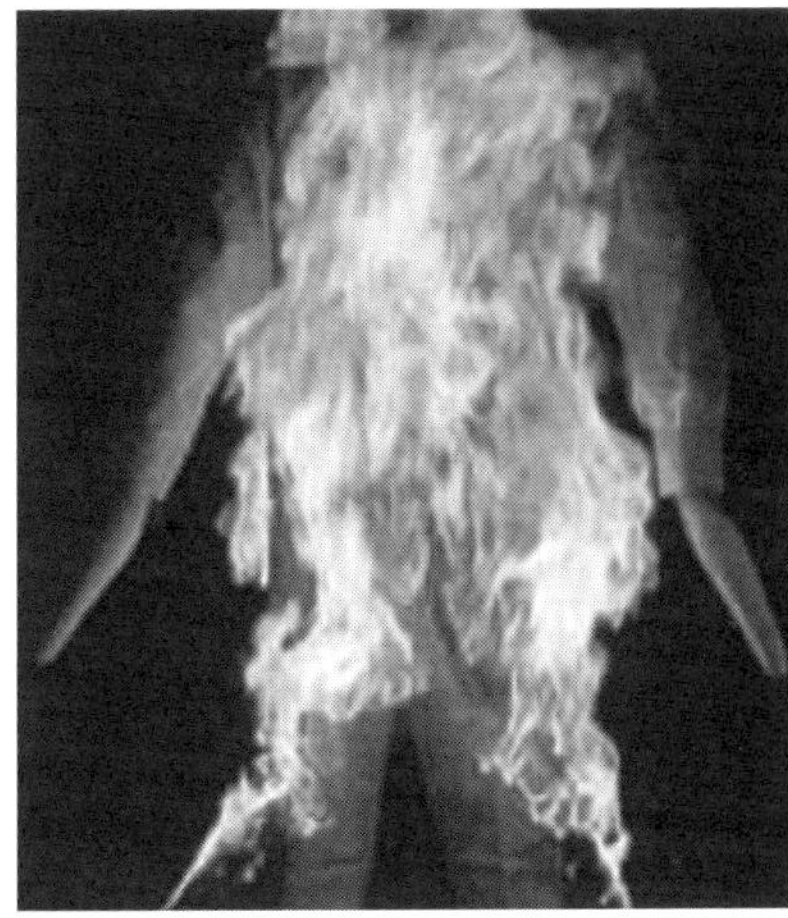
接炎中

衣服を着用させたマネキンに火災を放射して、防災性を評価している

素濃度を「限界酸素指数（LOI：Limiting Oxygen Index）」と言います。このLOIが26～27程度以上であれば、一般的に「難燃性」の繊維と言われ、高温の炎に接触している間は燃えるか、または熱分解を生じて炭化するが、炎を遠ざけると燃えなくなります。

難燃性繊維のうち衣料に適用可能な主な繊維には、モダクリル繊維（LOI：28～30）やポリ塩化ビニル繊維（LOI：35～37）、およびメタ系アラミド繊維（LOI：27～29）、メラミン繊維（LOI：32）ポリイミド繊維（LOI：38）などがあり、難燃性（LOI）の程度は繊維を形成する高分子の構造によってほぼ決まります。

モダアクリル繊維やポリ塩化ビニル繊維では、分子構造内にハロゲン元素が組み込まれているために、加熱されると繊維が分解して不燃性のハロゲンガスを発生します。この不燃性ガスが繊維表面を覆い、実質的に酸素濃度を薄めて繊維の燃焼の進行を抑えるようになり、空気中の酸素濃度範囲内では燃えなくなります。

また、芳香族環を連結した化学構造である芳香族系高分子からなるメタ系アラミド繊維やポリイミド繊維、メラミン繊維などでは、芳香族環特有の電子の共鳴による非局在化（共鳴化学構造）などの要因で耐熱安定性が高まるため、主鎖が脂肪族系高分子からなる繊維に比べて、高分子間の結合解離エネルギーが大きくなって耐熱性も向上し、空気中の酸素濃度範囲内では燃えなくなります。

炎から身を守るための消防服は、空気中の酸素濃度範囲内で燃え続けることなく、自己消火することが必須条件となります。すなわち、消防服に適用できる繊維は空気中で燃えず、加えて天然繊維や合成繊維に類似する繊維特性、特に伸縮性や水分率、柔軟性などを持っていることが望まれます。このほか、衣服をつくるときの繊維の供給安定性や紡織編での加工性、また衣服としての着色性（デザイン性）、着心地性なども重要な要因となります。さらに、高温の炎にさらされたときの引火点や発火点が高く、燃焼したときに生ずる有毒ガスの発生量も、当然のことながら少ないことが求められています。

メタ系アラミド繊維は一般的な汎用繊維に比べ、引火点や発火点が高く自己消火性であり、ＬＯＩ値、発煙性（煙濃度）、および高温で強制燃焼させたときの有毒ガスを含めたガスの発生量も少ないことが、各種の燃焼試験で確認されています（野間隆、「化学経済」１９９７年５月号、ｐ72～77）。燃焼マネキン試験評価装置を用い、可燃性の繊維やメタ系アラミド繊維からなる衣服をマネキンに着用させ、約１２００℃の火炎に10秒間曝露したときの燃焼テスト結果を比較して示しています。可燃性繊維（ポリエステル／綿混）からなる衣服では、５秒経過頃より着炎して延焼し、消火後はマネキンへ融着しています。また、木綿の防炎加工衣服では、延焼はしないものの接炎部のほとんどが炭化し、火傷を防ぐことができません。

メタ系アラミド繊維からなる衣服では接炎部での炭化は微小で、ごく軽度の火傷にとどまっており、防炎性に優れていることがわかります。この評価結果を踏まえ、「火から身を守る衣服」として、メタ系アラミド繊維は、消防服やガソリンスタンドの作業服、病院や介護施設などでのユニフォーム、シーツ、老人・身体障害者の衣服、熱職場での防護服や作業服、軍需関係の衣服などの用途で活用されています。

防炎性評価結果の比較

素材名称	衣服の様子	コメント
メタ系アラミド 200g/m²		変色した部分のうち、炭化まで進んだ部分はわずかで、ごく軽度の火傷
木綿防災加工 270g/m²	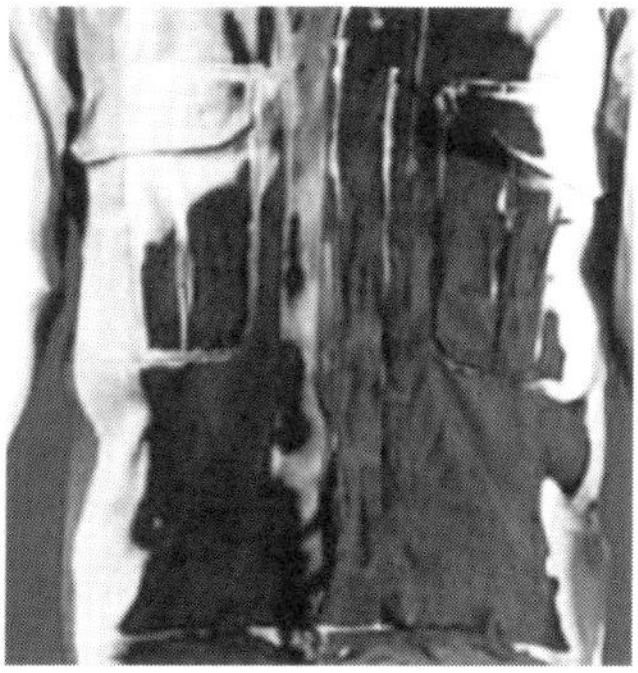	延焼はしないが、接災部はほとんど炭化。 耐熱性がないため多くの部分に火傷（2度）を見る
可燃性被服 （ポリエステル/綿混）		5秒経過頃より着炎し、延焼。消火後のマネキンへの融着が見られる

提供：帝人（メタ系アラミドはエクスファイア〈コーネックス／テクノーラ混〉を使用）

8 凶器から身を守る繊維
―防弾服・防刃服に打ってつけの素材―

凶器は、一般的には生物に対して攻撃を与えるためにつくられた武器と、本来の使用目的ではない使い方をする道具類に大別できます。代表的な武器は拳銃や刀剣などで、道具類はおの、なた、包丁、のこぎり、アイスピックなどであり、本来はモノを切ったり割ったりするための道具です。また、場合によってはロープや鉄パイプ、自動車なども凶器に成り得ます。

これらの凶器から身を守る防護服は、弾丸から身を守る防弾服、刀剣や包丁などの鋭利な刃物から身を守る耐切創服、アイスピックなどの鋭利な突き刺し具から身を守る耐突き刺し防止服などに分類できます。通常は、耐切創服と耐突き刺し防止服をまとめて防刃服と称することが多いようです。ここでは主に、拳銃や刀剣、道具類である包丁やのこぎり、アイスピックなどを対象にした防弾服と防刃服について述べます。

自動拳銃や散弾銃などの拳銃から高速で発射される弾丸に対する防弾服には、高速弾丸を食い止めて人体を防護する性能が求められます。すなわち、高速で衝突する弾丸の衝撃力を、衝撃によって発生する摩擦熱などで溶けることなく、比較的少ない変形量で受け止め、瞬時に周囲へ拡散して吸収することが必要です。

そのため防弾服に使用する繊維には、強度や弾性率が高く、伸びも少なく、耐熱性があって衣服に必要な適度の水分率を有し、湿度が変化しても強度変化が起こりにくいなどの特性が必要です。加えて、繊維軸と直角な方向からの衝突に対する衝撃力を瞬時に拡散・吸収する特性、および繊維の供給安定性などが求められます。

一方、代表的な高強度、高弾性率、低伸度、高耐熱性を有する繊維としては、超高分子量ポリエチレン繊

パラ系アラミド繊維の引張速度と引張強さの関係

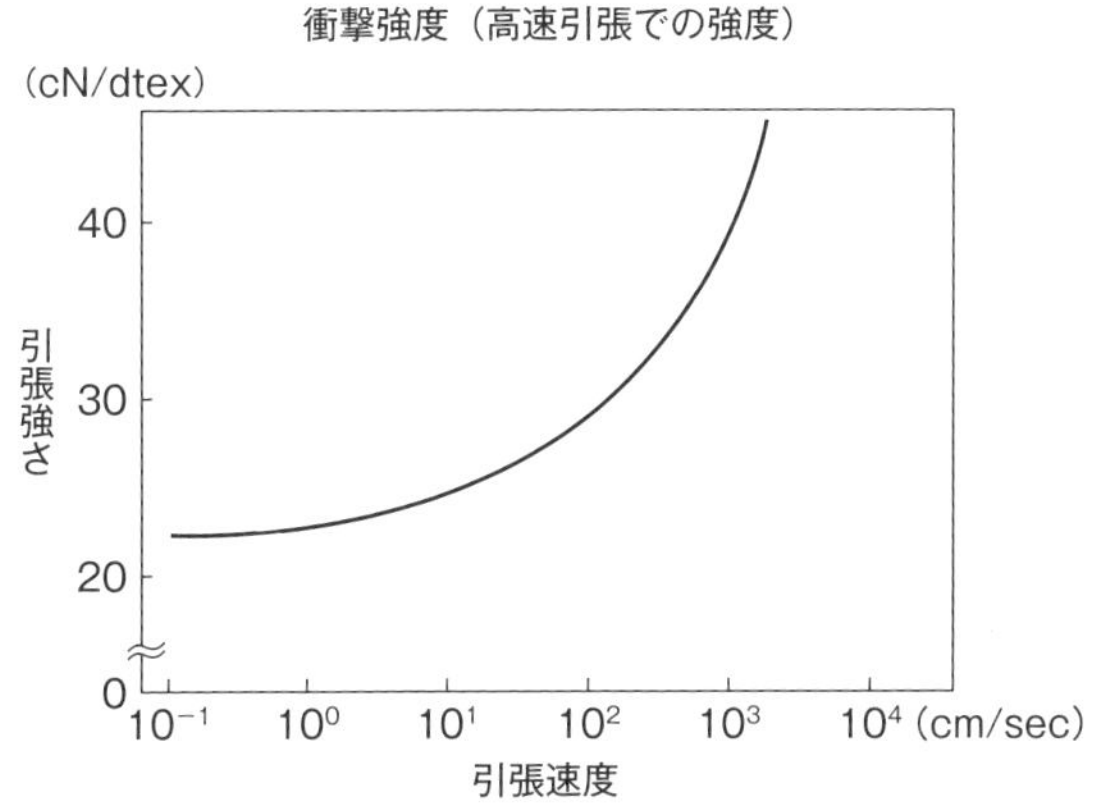

出所：帝人

防弾衣料の一例

提供：帝人

パラ系アラミド繊維を使った防弾チョッキは引張強さに優れるんだね

維、ポリアリレート繊維、パラ系アラミド繊維、ポリパラフェニレンベンゾビスオキサゾール繊維、カーボン繊維、ガラス繊維などがあります（野間隆、「化学経済」１９９７年5月号、p72～81）。

前述のような要求特性の観点から判断すると、超高分子量ポリエチレン繊維は融点が低く摩擦熱に耐えられないなどの点で、ポリアリレート繊維は水分率が低い点で、またポリパラフェニレンベンゾビスオキサゾール繊維は水分率が低く多湿下で強度が低下しやすいなどの点で、防弾服に適用しにくい一面があるようです。ガラス繊維やカーボン繊維は折れやすいために、衝撃力に対する抵抗力が小さく、さらに、人体へ直接接触したときに不快感を与えるなどの問題もあって使用できません。

パラ系アラミド繊維は高強度、高弾性率、高耐熱性で熱分解温度が高く、適度な水分率と柔軟性を有しているばかりでなく、引張速度が速くなるほど引張強さが大きくなる特徴を有しています。加えて、繊維軸と直角な方向から衝撃を受けると単繊維が繊維軸方向に沿って細かく分割し、瞬時に衝撃力を拡散・吸収する特徴があります。すなわち繊維を形成する線状の高分子は、繊維軸方向に比較的規則正しく配向・配列しており、さらに、この繊維軸方向の高分子の結合力が、繊維軸と直角な方向よりも強いために、繊維軸と直角な方向から衝撃を受けると、繊維軸方向に沿ってフィブリル状に細かく分割します。これによって瞬時に衝撃力を周囲へ拡散・吸収できることが実際のモデル試射実験で確認され、防弾服用の繊維として好適であると言えます。

引張速度と引張強さの関係を示した図からは、引張速度の上昇に伴って引張強さが大きく上昇することが読み取れます。実際の使用では、パラ系アラミド繊維からなる高密度の平織物やバスケット織物を十数枚重ねた積層物が、少ない変形量（弾丸衝突部のへこみ量）で高速弾丸の貫通を阻止できるため、防弾用のチョッキやベスト、ジャケットなどに採用されています。

また、刀剣や包丁、のこぎりなどの刃物やアイスピックなどに対する防刃服には、適度な水分率、柔軟性に加えて、刃物や鋭利な鉄片で容易に切れない性能（耐切創性）や、鋭利な先端を有する道具類による突き刺し抵抗性（耐突き刺し性）が求められます。代表的な繊維からなる布帛および皮革の耐切創性比較図から、パラ系アラミド繊維からなる布帛は耐切創性に優れていることがわかります。また最近では、パラ系アラミド繊維からなる織物表面に、細かな砥粒を接着加工した防刃性能向上布帛が開発され、アイスピックも含めた高度な耐切創・耐突き刺し性が求められる防刃服用途へ展開されています。

代表的な製品例としては、チェーンソーを使用する森林伐採作業や草刈り作業時に着用する作業服、安全手袋、腕・足カバー、エプロン、安全靴など、さらには鋭利な物品を常時取り扱う製鉄所や自動車組立工場、ガラス製品製造工場、刃物を常時使用する食肉業界などでの安全手袋、腕・足カバー、エプロン、安全靴などがあります。

また、最近の興味深い使い方として、一般人、特に女性を狙った凶器による切創防止や突き刺し防止衣類としてのベスト、ジーンズ、アウトウェア、アンダーシャツなども開発され、一部の顧客から外出時などに愛用されています。

耐切創性比較データ例

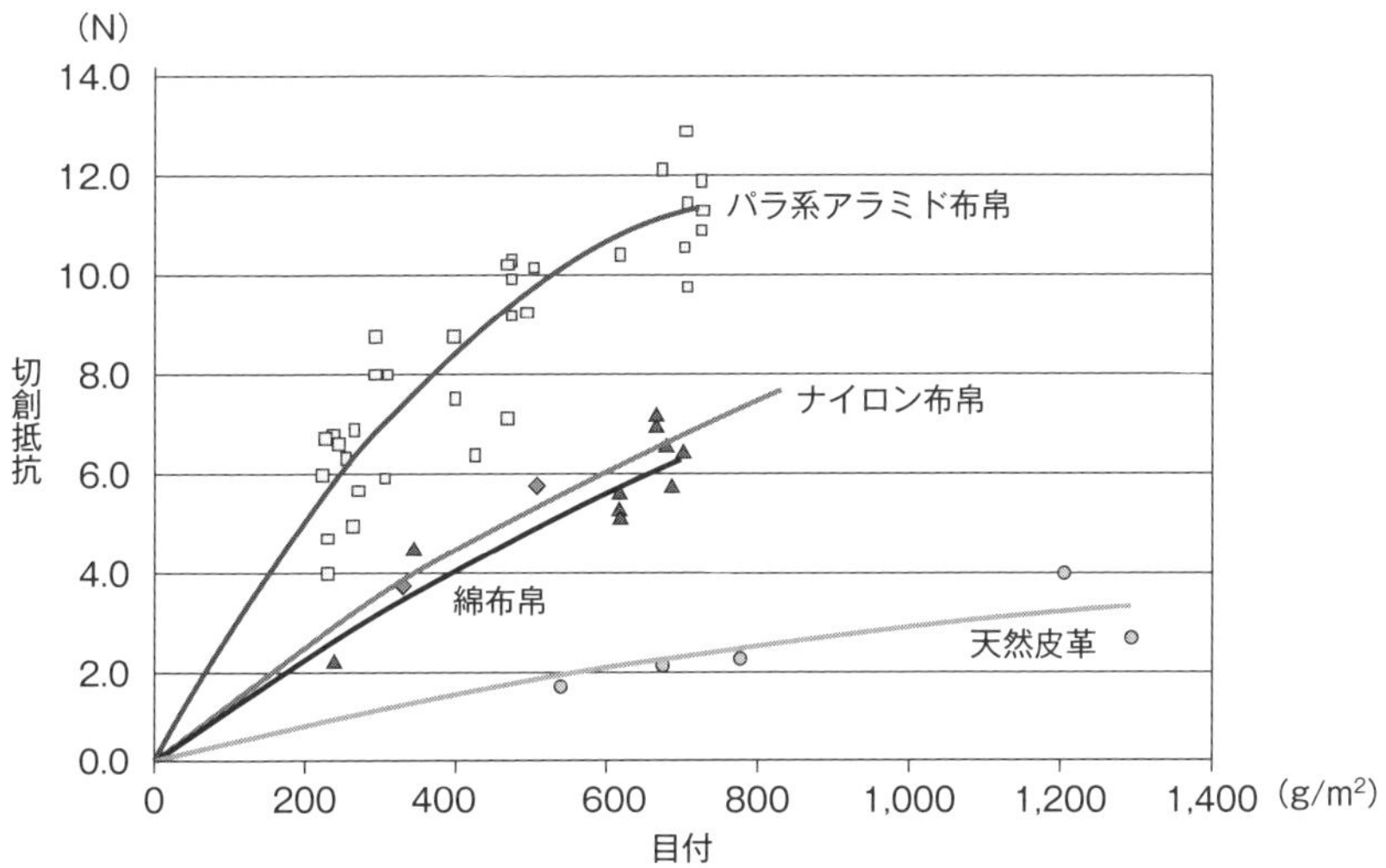

提供：東レ・デュポン（パラ系アラミドはケブラーを使用）

耐切創製品の具体例

耐切創・防刃服

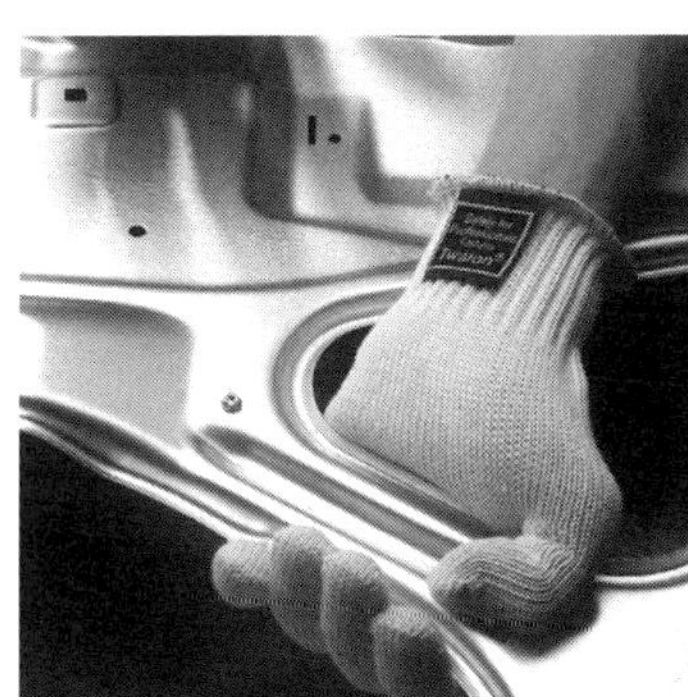

安全手袋

提供：帝健（耐切創・防刃服）、帝人（安全手袋）

9 患者の血液を守る繊維

―人工透析の秘密は中空糸―

2015年に日本の人工透析患者は32万人を超え、世界統計では260万人以上と推定されています。不幸にして腎機能不全に陥った患者の命を救うのが人工透析であり、この人工透析の大半は中空糸を用いたダイアライザー（人工腎臓）が使われています。中空糸とは、繊維の中心部に連続した空洞部のある、太さ（外直径）約250㎛程度のストロー状繊維（ホローファイバー）の総称です。腎不全患者の血液をきれいにして命を守る繊維であり、欠点のあることが許されない繊維です。

ダイアライザーは、中空糸をポリ容器に組み込んだ組立製品であり、いったん体外に取り出された血液から老廃物や有害物を取り除くための医療機器です。中空糸の内側に血液が流れ、外側には透析液が流れるような構造に組み立てられています。

人工透析は、ダイアライザーを透析制御装置と連結させ、①静脈から血液を抜き出して抗凝固剤を加え、②定量ポンプで血液を加圧し、ダイアライザーの血液入口に導き、③中空糸膜を通して老廃物（アンモニア、尿素など）や有害物を膜の外側へ押し出して透析液で連続的に排除し、④水分減少を補う生理食塩水を加え、きれいになった血液を再び静脈に送り込み、体内に戻す、という血液体外循環の仕組みで患者の日常の生活を維持します。

中空糸を用いたダイアライザーの利点は、小さな体積で透析膜面積を大きく持てることです。たとえば、内径200㎛の中空糸1万本の束の太さは4㎝程度で、束の有効長さが30㎝あれば1・9㎡もの膜面積となり、軽くてコンパクトなダイアライザーがつくれます。

また、中空糸は耐圧性にも優れると同時に、細い中

中空糸束のイメージ

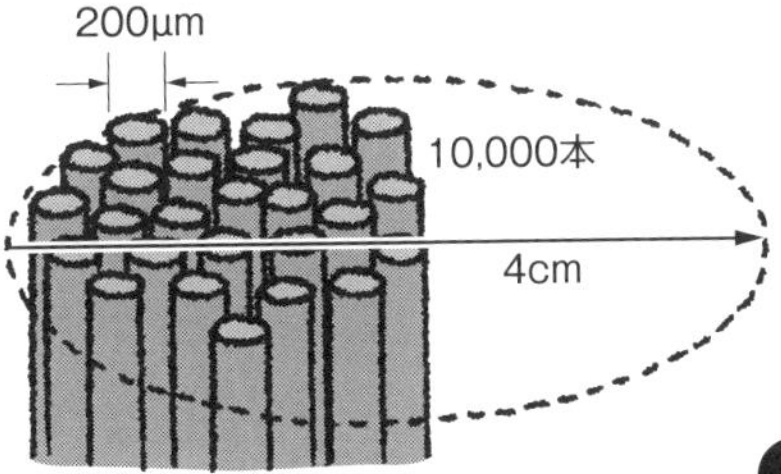

ダイアライザーの例

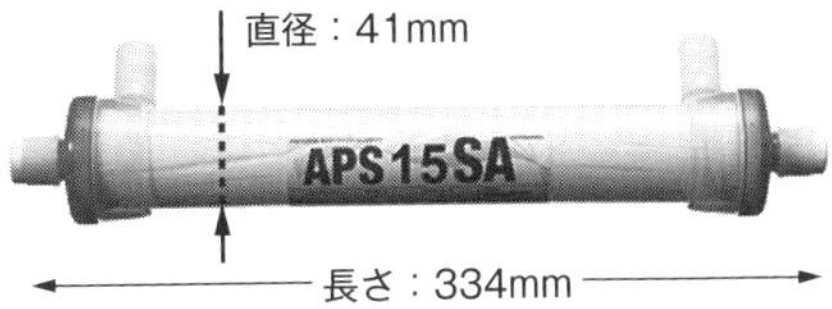

出所：旭化成メディカル

内部構造の概略

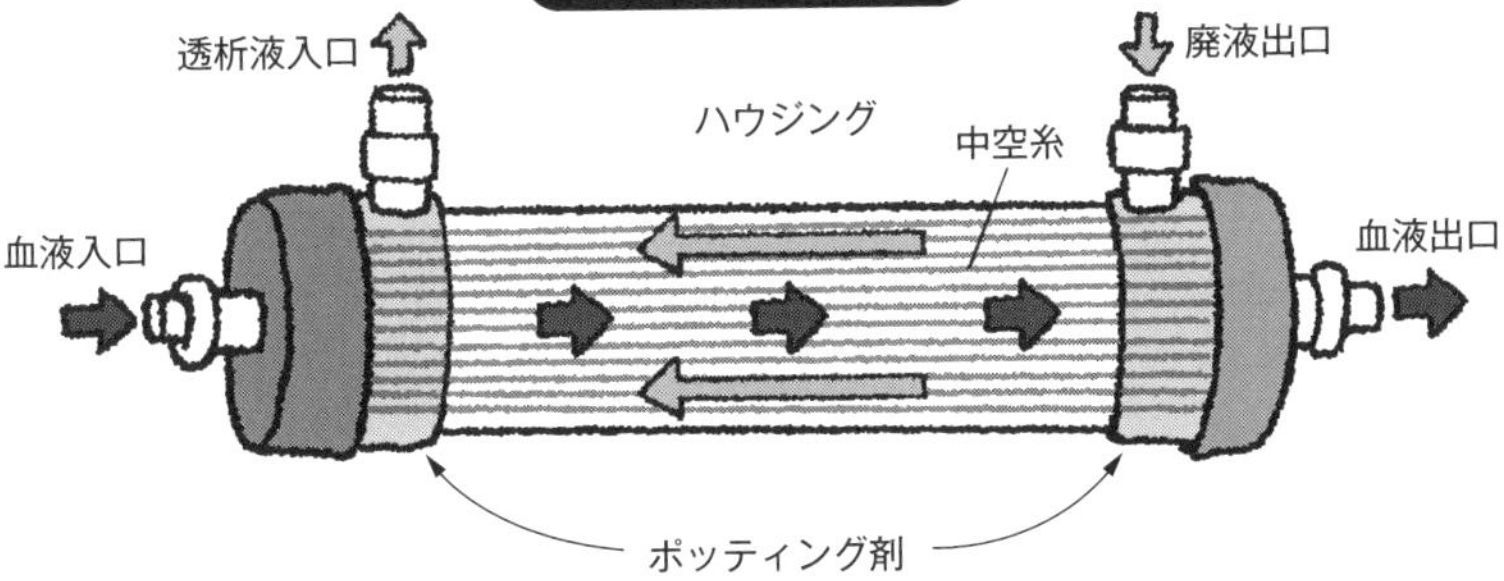

出所：三洋化成ニュース、No.446、2008年、p.1

人工透析の仕組み

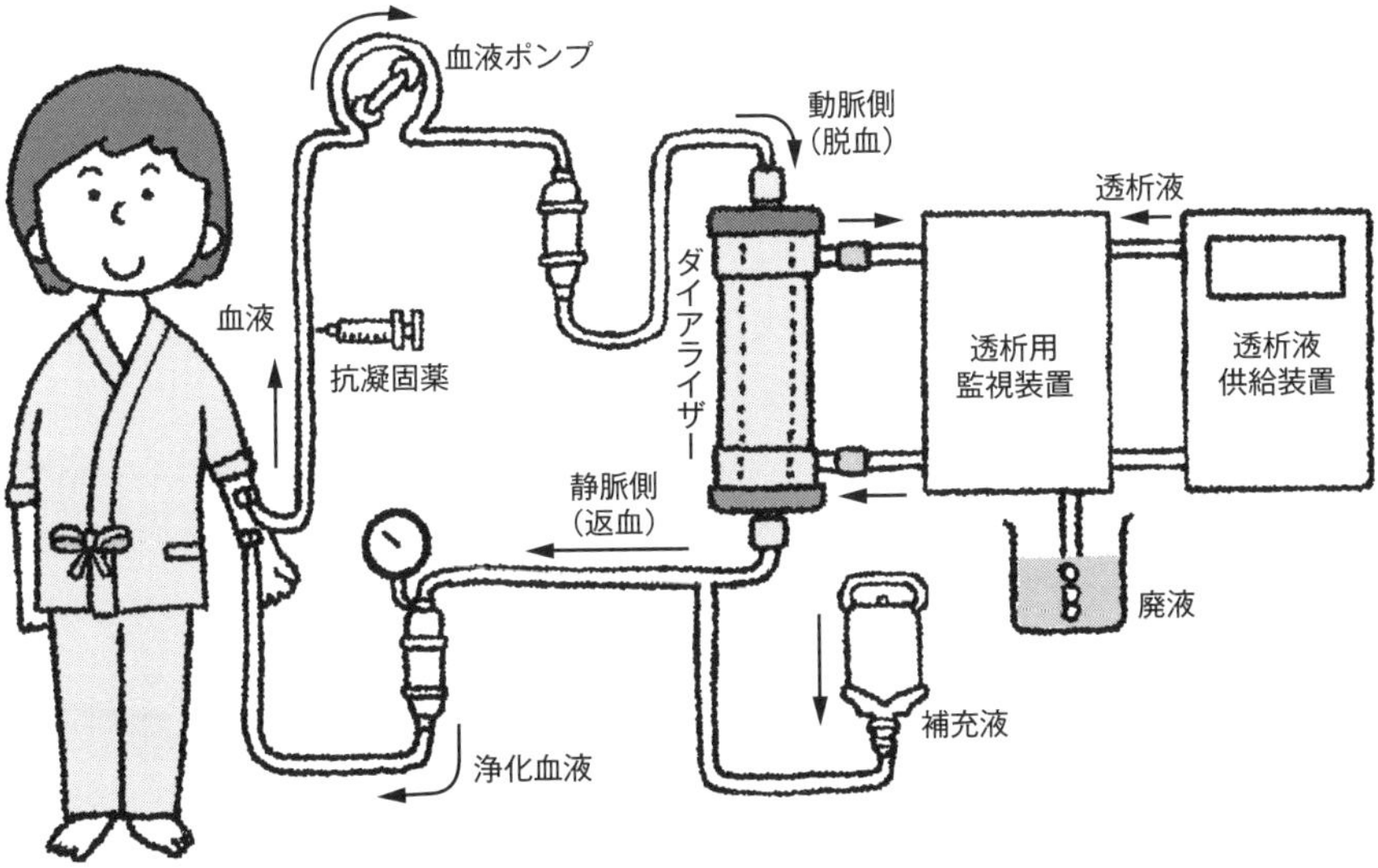

出所：社会福祉法人新潟市社会事業協会 信楽園病院HP

空部を血液が流れるときに流動抵抗が生じ、その流動抵抗のため定量ポンプ圧が老廃物を膜の外に押し出す圧力として働き、効率の良い透析を可能にしています。

中空糸をつくるには湿式紡糸法を用いますが、紡糸する口金を工夫して中心部に凝固液を通すパイプを設け、紡出される紡糸原液を外部と中心部の両方から凝固を行い、中空糸膜を形成させます。紡糸口金を用い、内部に凝固液を含んだ紡糸原液を空気中で細長く引き伸ばしながら凝固液中に入れ、水洗し、乾燥させると中空糸が得られます。

血液浄化をする中空糸膜は、単なる夾雑物《きょうざつぶつ》を除くという単純なフィルター機能ではなく、不要なもの（老廃物など）だけが通過し、血液中に必要なもの（有益たんぱく質など）は通過させずに血中に残すという分画性能（選り分ける性能）が重要となります。分画性能を調整するには、分画機能を担う中空糸膜に適切な大きさの微細孔が無数に存在する構造を持たせることが必要です。そのため、湿式紡糸するときは原液のポリマー濃度や凝固液濃度、温度などをコントロールし、要求される膜構造をつくり出します。中空糸内表面は緻密で、中空糸外表面に向かって微細孔が徐々に大きくなっています。

今では、クレアチニンやβ2－ミクログロブリンなどの分子量１５０００以下の不要たんぱく質を透過させ、栄養分であるα1－ミクログロブリンやアルブミンなど、分子量３００００程度の必要たんぱく質を漏出させない分画性能を持った中空糸がつくられるようになりました。

もちろん、ダイアライザーに用いられる中空糸は分画性能だけでなく、安全性や生体適合性が強く求められます。生体適合性とは、①血液凝固因子が活性化されないこと、②気分が悪くなるような原因物質を産生しないこと、③アレルギー症状を引き起こさないこと、などです。このような指標をはじめ、ほかにも、さまざまな人体影響評価がなされ、人工透析の品質の向上が図られてきました。

これまで、多くの素材が用いられてきましたが、現在では安全性や生体適合性の評価が高いポリスルホンが主力素材となっています。これからも中空糸は、人の命を守り続ける重要な繊維として存在し続けます。

ポリスルホン中空糸

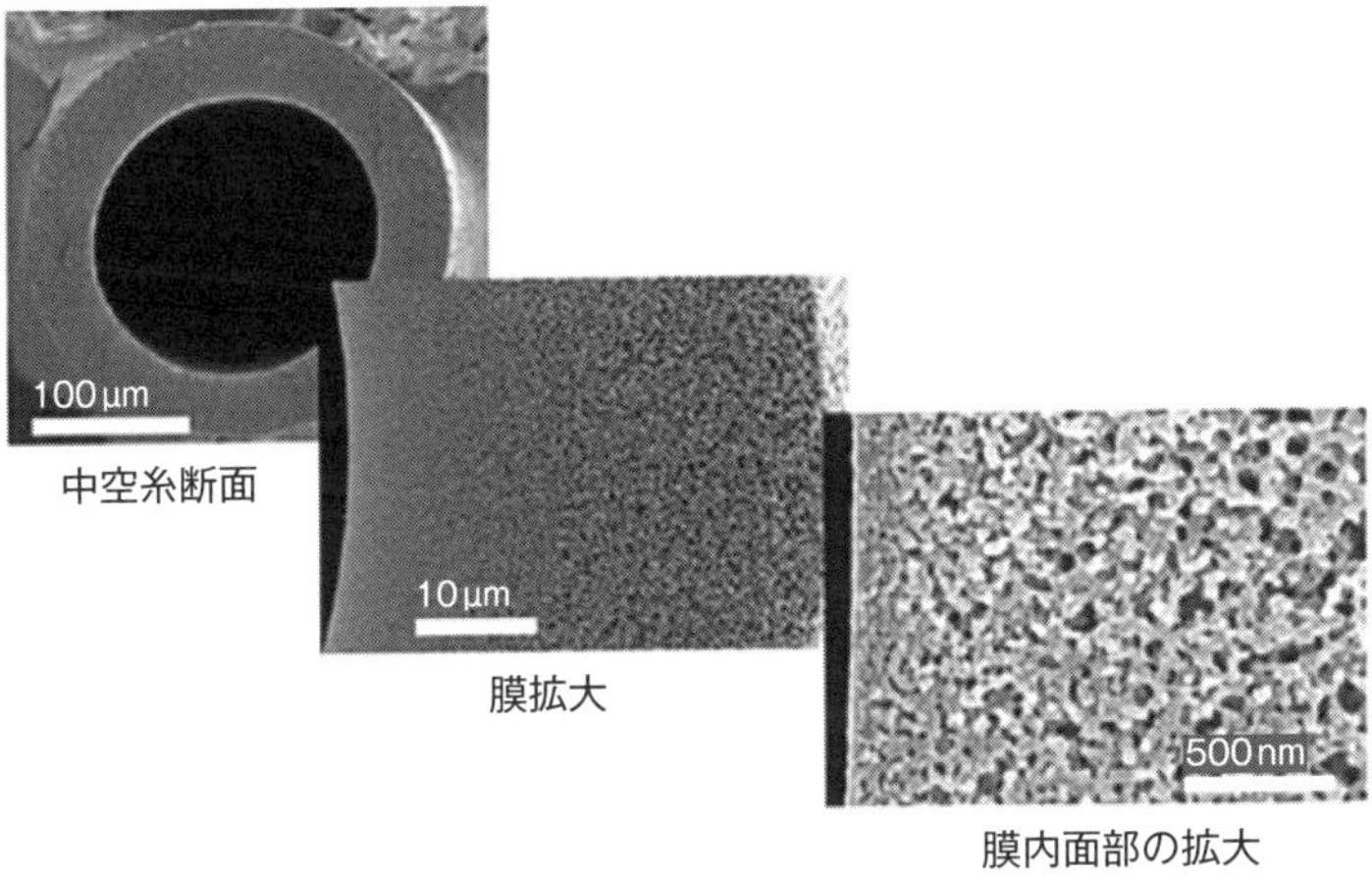

出所：旭化成 基盤技術研究所HPより

紡糸装置の口金の構造

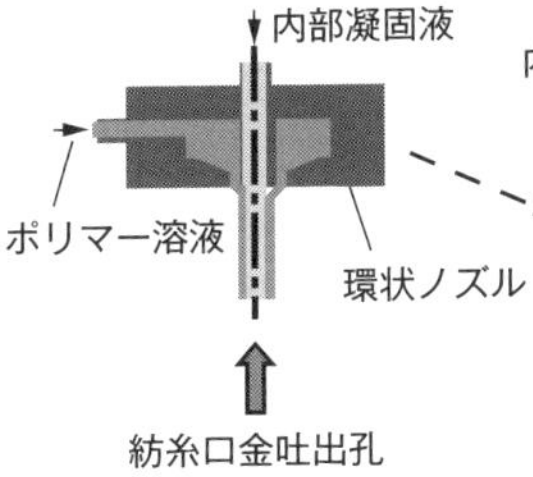

湿式紡糸による中空繊維製造

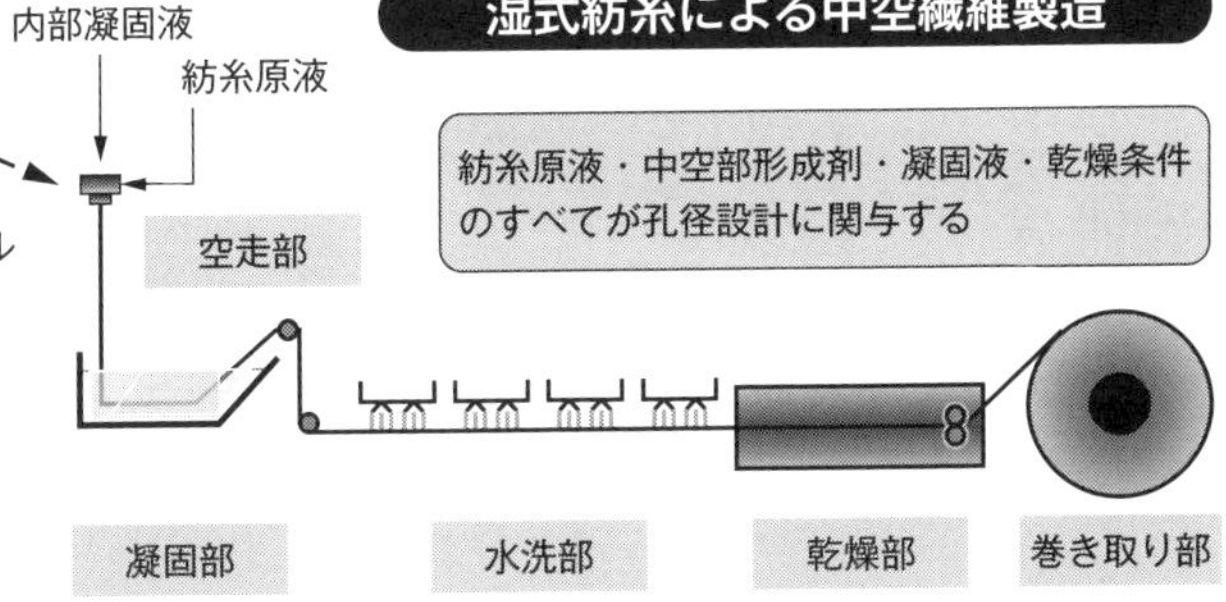

なるほど
中空糸はこうやって
つくられているんだね

紡糸口金吐出孔

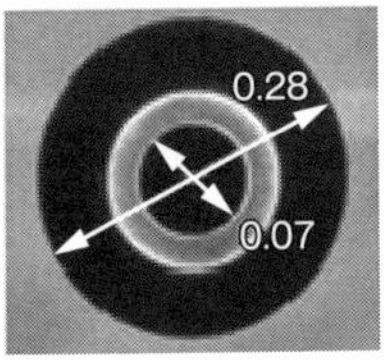

出所：山陽精機社HP

10 赤外線透視を防ぐ繊維
―盗撮防止素材として利用される―

太陽光線の中で、人間の目に見えるのは「可視光線」です。しかし、ほかにも、人間の目に見えない「紫外線」や「赤外線」が含まれています。

そのような、人間には通常見えない赤外線も、赤外線カメラの「目」を通すことで、はっきりと像をとらえる（すなわち見る）ことができるようになります。

波長による光の反射の違いを利用すれば、赤外線カメラでスケスケの画像が撮影できます。可視光線は衣服表面で反射しますが、赤外線は一部が衣服を透過し、身体で反射します。そのため衣服が透けて、身体のラインが浮かび上がり、何も着ていない裸のように見えてしまうのです。

被写体の承諾なしに透視撮影をすることは、法律や条例に抵触する恐れがありますが、不心得者がいるため、今後は盗撮防止機能のある衣服が求められるようになるでしょう。現在は、赤外線を透過させないための繊維素材が開発されており、スポーツ衣料や夏物衣料の分野を中心にこのような素材の利用が広がっています。

赤外線を透過させなくする技術は、2つあります。1つは、赤外線を吸収・乱反射させる効果のある特殊セラミックスの微粒子などを繊維の中に練り込み、繊維自身を改質する方法です。そしてもう1つは、赤外線吸収能の高い加工剤を通常の繊維に後加工で付与する方法です。

そのような目的に適した加工剤がすでに開発されています。こうした加工剤は、ナイロン繊維に対して親和性が高く、洗濯しても脱落しないため、安全性も確保されています。そうした特性から、主としてナイロンスクール水着用の用途に利用されています。

赤外透過のイメージ

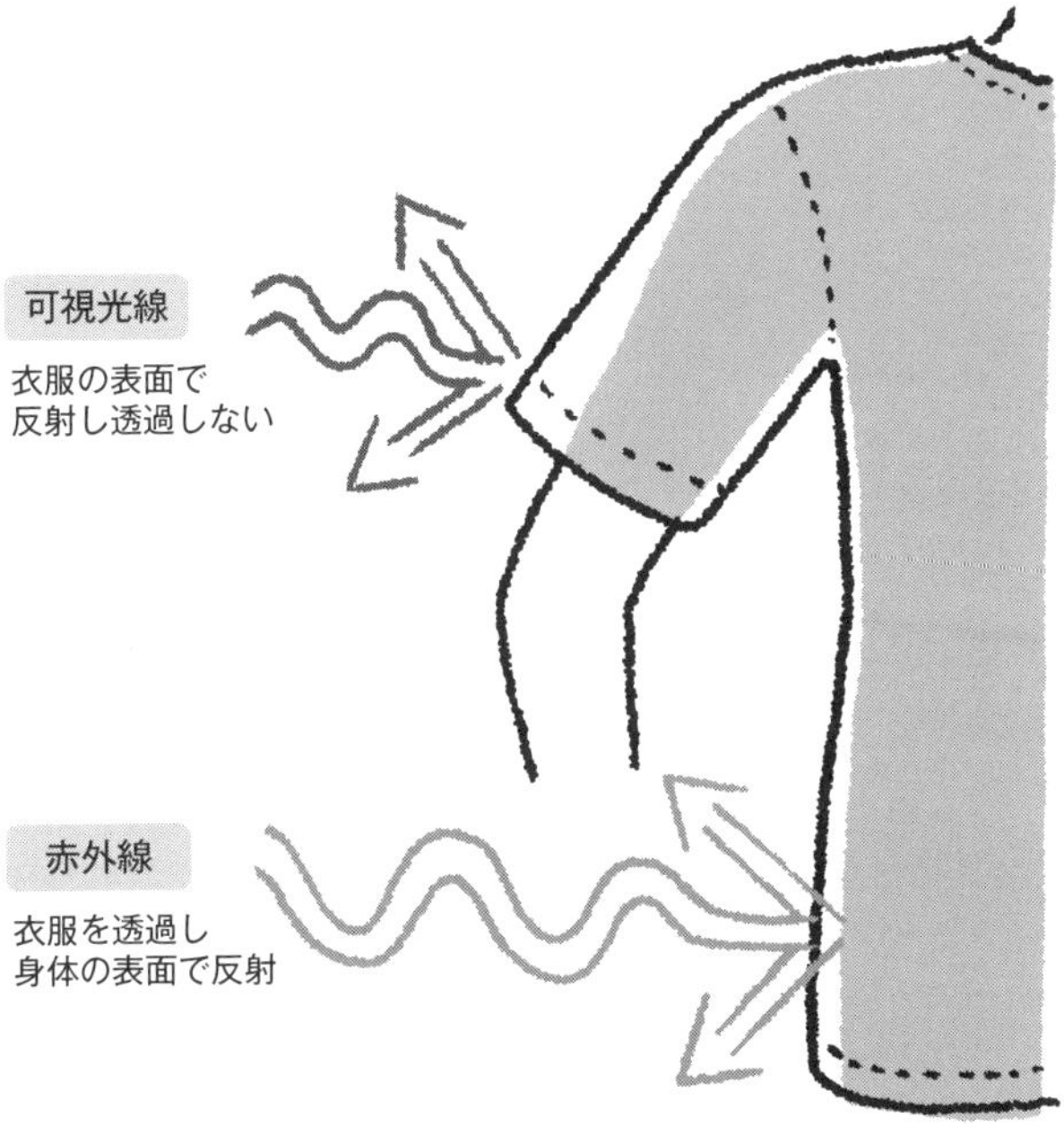

赤外線は直進性が高く、衣服を通過して肌の表面で
反射するため服が透けて見える

赤外透視防止加工を施した水着

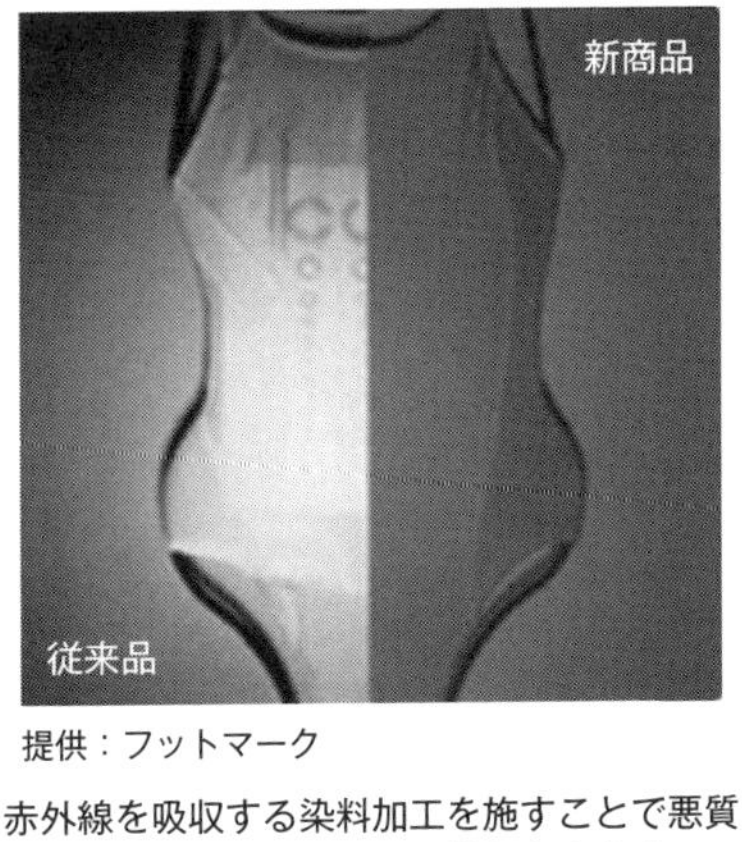

提供：フットマーク

赤外線を吸収する染料加工を施すことで悪質
な赤外線盗撮を予防し、子供たちを守る

Column

身体を内側から守ってくれる食物繊維

世界保健機関（WHO）が発表した2015年の日本人の平均寿命は、男女合わせて83.7歳で世界1位でした。その理由はいくつかありますが、栄養の改善が大きく関係していると言われています。

栄養学ではたんぱく質、脂肪、炭水化物、ビタミン、ミネラルは5大栄養素として、昔からよく知られていますが、近年では食物繊維が第6の栄養素と言われるほど、その機能が注目されています。食物繊維は栄養素ではないのですが、生活習慣病と関係があることがわかってきました。食物繊維は身体の調子を整える働きがありますが、食生活の欧米化によって、日本人はすべての世代で摂取量が不足しています。

食物繊維は、「ヒトの消化酵素によって消化されない、食品中の難消化性成分の総称」と定義されています。食物繊維には水溶性と不溶性があります。水溶性食物繊維には果物、野菜に含まれるペクチン、昆布、ワカメなどの海藻類に含まれるアルギン酸などがあります。また不溶性食物繊維には果物、野菜、穀類に含まれるセルロースとヘミセルロースがあります。ヘミセルロースは大豆、小豆などの豆類にも含まれています。さらにキノコ、エビ・カニの甲殻類に含まれるキチンも食物繊維です。

これらの食物繊維は日本食のメニューに多く登場する食品に含まれ、日本食が世界的なブームになっている理由が理解できます。繊維はいろいろな形で人体を守ってくれますが、食物繊維は体内で私たちの健康を守っています。

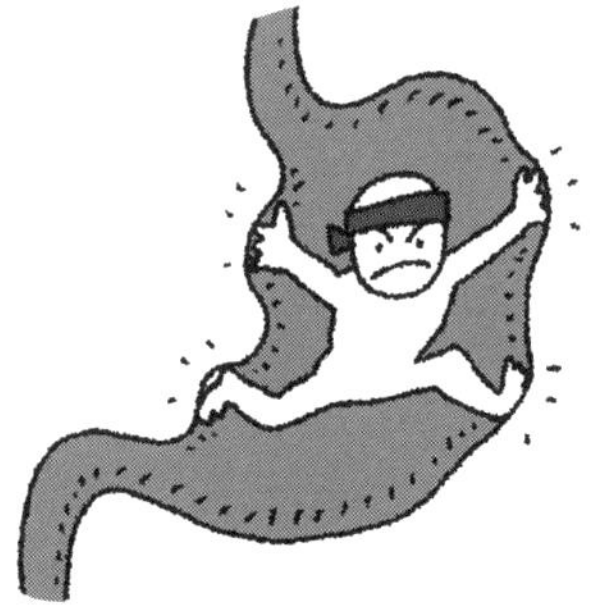

第2章

生活を豊かにする
繊維の不思議

11 吸湿発熱する繊維
─上手に使って冬の暖か肌着で大ヒット─

冬暖かい衣服というと、①生地を嵩高にして空気による断熱効果を高めたもの、②生地の通気性を小さくして外気を遮断したもの、③生地に太陽や体温の熱を吸収・蓄熱する加工を施したもの、④生地を電気などで発熱させるもの、⑤生地に吸湿発熱機能を付与したもの、などが知られています。最近では、⑤が冬の暖か衣料として大ヒットし、注目されています。

ただし、ここで言う吸湿発熱効果とは、生地が肌からの湿気を吸って発熱するものを指しています。いわゆる気体が液体に変化する際に運動エネルギーの差が熱として発生する、凝縮熱とか吸着熱と言われているものです。

このような現象は、昔から羊毛や羽毛、綿などでもよく知られていることで、特に目新しいものではありません。したがって、このような効果は生地に吸湿性の高い素材、たとえば羊毛や綿、絹、麻、レーヨンなどを使ったものには、実感できるかは別として、原理的に同様の現象が起きているものと思われます。

このことは、⑤の吸湿発熱をうたった商品に使われている素材を見ると、大多数の商品にレーヨン、または高い吸湿性を付与されたアクリレート系繊維が使われていることからもわかります。ただ、レーヨンは本来、触るとヒヤッとする特徴から、主として春夏用の商品に使われてきた歴史があります。したがって、どうして反対の季節で、しかも反対の効果のウォーム素材として使われ出したのか興味深いところです。この辺に、同商品を開発した際の糸使いや商品づくりに対する発想のポイントが感じられます。

レーヨンの水分率を見ると、周囲の湿度によって11～17％と高く、夏の高温・高湿度の環境下ではすでに

各湿度における吸湿率

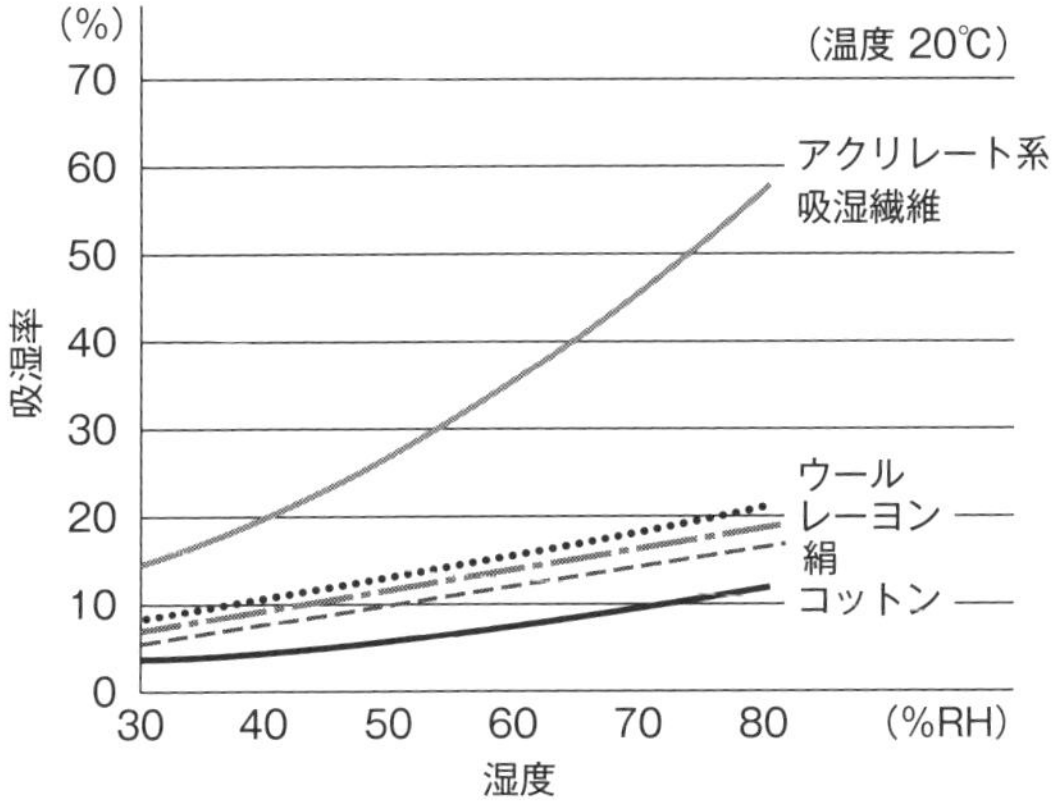

吸湿発熱繊維による暖か衣服の原理

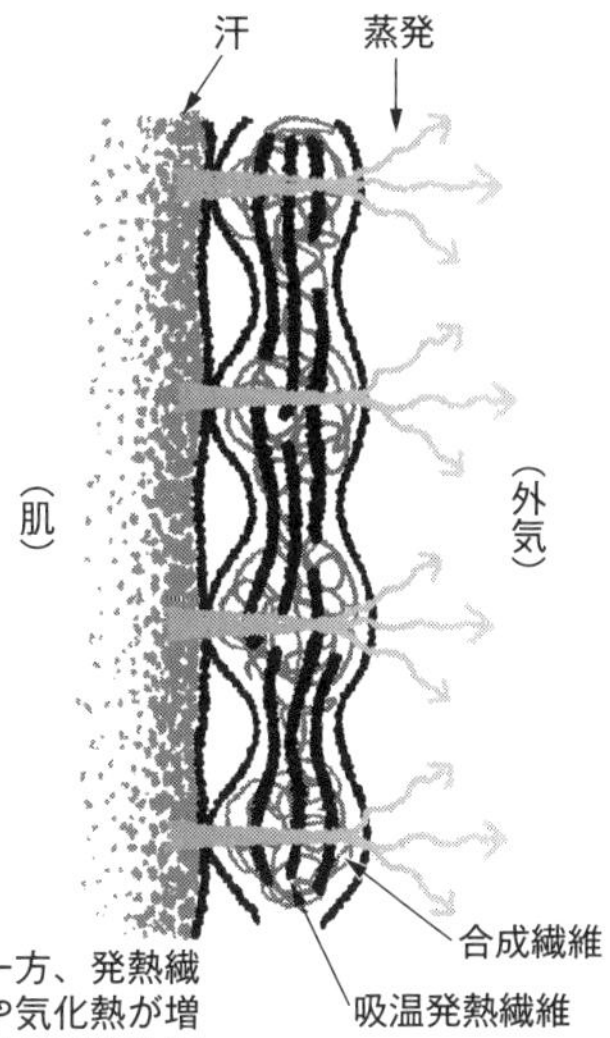

合成繊維の嵩性により発熱繊維の熱が保持される。一方、発熱繊維の吸水量が増えると、発熱量が低下し、熱伝導率や気化熱が増加して冷えやすくなるので保温効果を保つために水分の蒸発を促して水分率の上昇を防ぐ構造にしている

水分を多く含み、その気化熱や熱伝導率の増加などで、触れると冷感を感じるような状況になっているようです。これが、従来の商品イメージにつながっていたかと思われます。

一方、冬の低温・低湿度の環境下では、レーヨンの水分率は低く、そのため肌から湿気を吸って発熱する時間も生まれます。その発熱を肌近くにうまく保持できれば、ウォーム素材として使えるかもしれないと気づいたのではないでしょうか。

ただ、いかにして発熱時間を長く維持し、かつその熱を肌近くに維持できるかが成否に関わるポイントとなります。そこで、吸湿した水分を速やかに衣服の最外層に拡散させて蒸発させたり、レーヨンだけでなく合成繊維などと混ぜて嵩高にしたりすることで、保温性を付与する技術や仕組みが工夫されました。その結果、上述した仮説が実現できることを突き止め、同商品の誕生に至ったものと思われます。

なお吸湿発熱繊維としては、レーヨン以外に合成繊維で約40%の吸湿率を持つアクリレート系繊維が開発され、同じように使用されています。

12 夏を涼しくする衣服
—糸や布帛に工夫を凝らして清涼感を出す—

日本の夏には、涼しさを感じることができる清涼衣料が欠かせません。昔から、繊維や糸、布帛に工夫を凝らした清涼感のある衣服がいろいろと考案されてきました。

やがて人造繊維が開発されると、それまでの天然繊維とは違い、比較的自由に形状や物性を変えられるようになりました。これをきっかけに同分野の技術は飛躍的に進歩し、高度化したのです。

布帛とそれに使われる糸や、繊維に、清涼感を付与する代表的な技術・具体例を表にまとめました。ここに挙げた内容以外にも、たくさんの技術が開発されています。

中でも、清涼感に一番効果があるのは①の通気性です。先人たちの努力により通気性を良くするために、織物の組織を粗くしても織物中の糸がずれないように、紗《しゃ》、絽《ろ》、羅《ら》などの織物組織が考案されています。

また②の凹凸表面は、衣服が肌に貼りつかないようにするのと同時に、肌にサラッとした触感を与えて清涼感を出そうと工夫されたものです。凹凸に富んだ表面を生む楊柳《ようりゅう》、縮緬《ちりめん》、サッカーなどの織物組織が考案されたり、織物に後から凹凸模様をつける仕上げ加工法などが考え出されたりしています。

また③の吸汗・速乾機能は、肌の汗を素早く吸い、それを布帛内に素早く拡散させ、外に早く蒸発させることで衣服の濡れ感やベトツキ感を防ぎます。さらにはその気化熱で衣服の温度を下げ、清涼感を得るものです。

そのため肌側に高い吸汗性、中間層に汗を周囲や外側に早く移動させる高い拡散性、外側に汗を早く蒸発させる高い蒸散性を配した2～3重の積層構造とした

清涼感を付与する技術

素材	機能	具体例
布帛	①通気性	紗《しゃ》、絽《ろ》、羅《ら》、校倉《あぜくら》ほか
	②凹凸表面	楊柳《ようりゅう》、縮緬《ちりめん》、サッカー、エンボスほか
	③吸汗・速乾機能	布帛の積層組織（汗の吸引乾燥を促進）
	④感湿自己調節機能	感湿繊維の形態変化を通気や触感に活用
糸 繊維	⑤吸汗・速乾特性	毛管現象促進断面・側面繊維、親水加工
	⑥遮熱特性	赤外線を遮断、屈折、反射する繊維
	⑦冷感特性	吸湿繊維、高熱伝導繊維、薬品加工
	⑧ドライ触感特性	多葉断面、凹凸・多孔・多溝側面繊維
	⑨感湿自己調節特性	感湿伸縮繊維、感湿捲縮変化繊維

高通気性織物組織の例

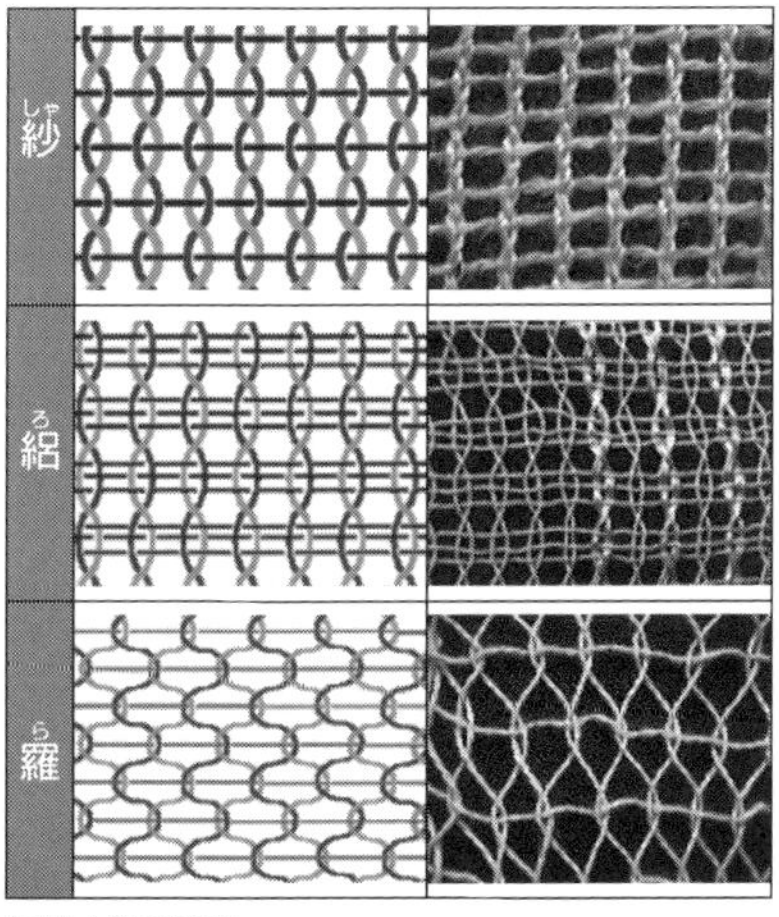

提供：静岡濾布

凹凸表面布帛の例

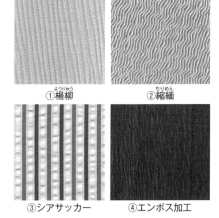

①楊柳《ようりゅう》

②縮緬《ちりめん》

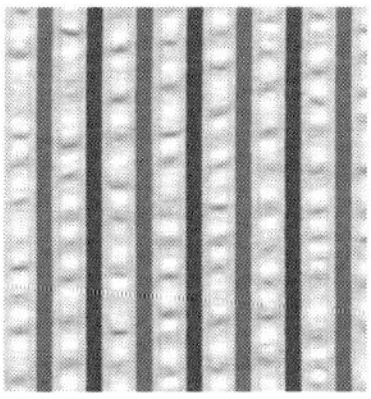
③シアサッカー

④エンボス加工

提供：①、②ゑり正（京都）、③山喜ワイシャツ百科事典、④マルヤテキスタイル

布帛組織が考案されています。

また、そこに使用される糸や繊維にもこうした機能を促進するため、汗の移動を早める毛細管現象を高める工夫がなされています。たとえば、多葉あるいは多孔中空の断面形状、繊維軸方法に細い溝をたくさんつけた側面形状、多数の細い繊維からなる、あるいは繊維間に微細な空隙を付与した繊維集合体構造、繊維表面の親水化向上などさまざまな工夫が凝らされているのです。

これらの布帛に使用される糸や繊維は、このほか赤外線遮蔽材を繊維に練り込んで太陽熱を遮断したり、屈折率の異なるポリマー（たとえばポリプロピレンとポリエステル）を繊維の芯鞘に配して太陽光線を屈折散乱させたり、繊維側面に金属めっき処理をして鏡面のように太陽光線を反射したりするなどで、清涼感を付与しています。

あるいは、高い吸湿吸水性を持つポリマーや素材を繊維に利用したり、熱伝導率の高い高分子量ポリエチレン繊維を使用して熱を拡散させたり、キシリトールなどの持つ接触冷感の薬効を利用したりするなどで、清冷感を付与したものもあります。

さらには多葉断面形状、凹凸・多孔・多溝などを付与した側面形状、あるいは強撚した糸形態などによる、サラッとした乾いた触感により清涼感を付与したものなどもあり、清涼感を出す工夫は多岐にわたっています。

そんな中、最近では湿度を感知して、繊維の長さや嵩性が可逆的に変化するという機能を持った繊維が開発されています。この繊維を普通の繊維とうまく組み合わせて使用すると、運動などをして汗が出始めたときに、布帛の表面に凹凸が現れて肌への貼り付きや濡れ感が軽減できたり、布帛に隙間や空隙が生じて通気性が良くなることで蒸れ感やベトツキ感が抑えられたりする衣服をつくれるようになります。しかも、その機能が可逆的に自己調節されるとあって注目されています。

すなわち、電気などの力を借りずに衣服内の湿度を快適に自己制御できるスマート清涼衣料と呼ぶべきもので、詳細についてはすでに述べた第1項「衣服内湿度を快適に保つ繊維」を参照してください。

吸汗・速乾布帛構造

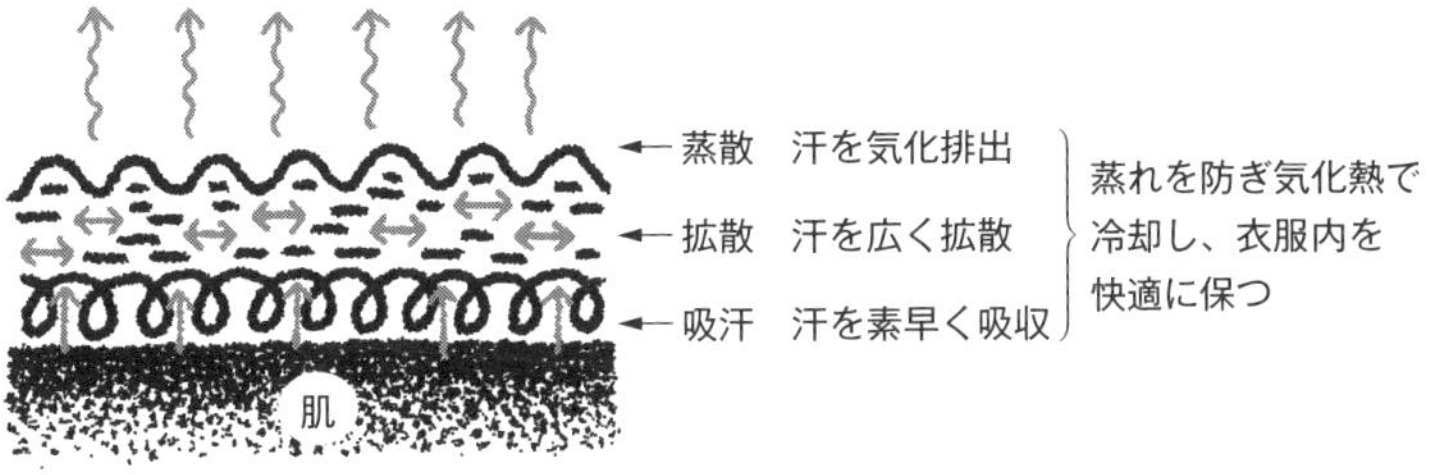

吸汗・速乾繊維

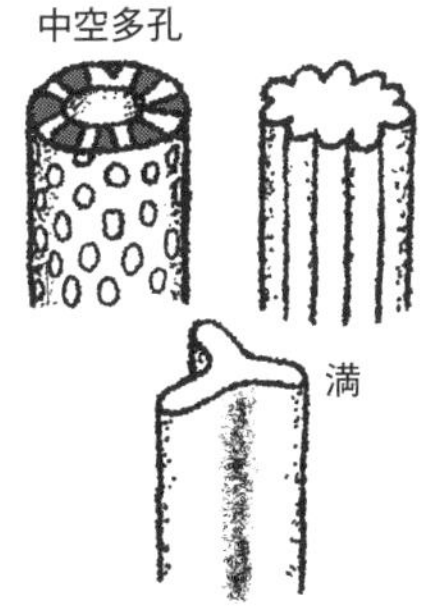

溝や空隙による毛細管理象や通気性を促進して吸汗速乾機能を高める

遮熱繊維

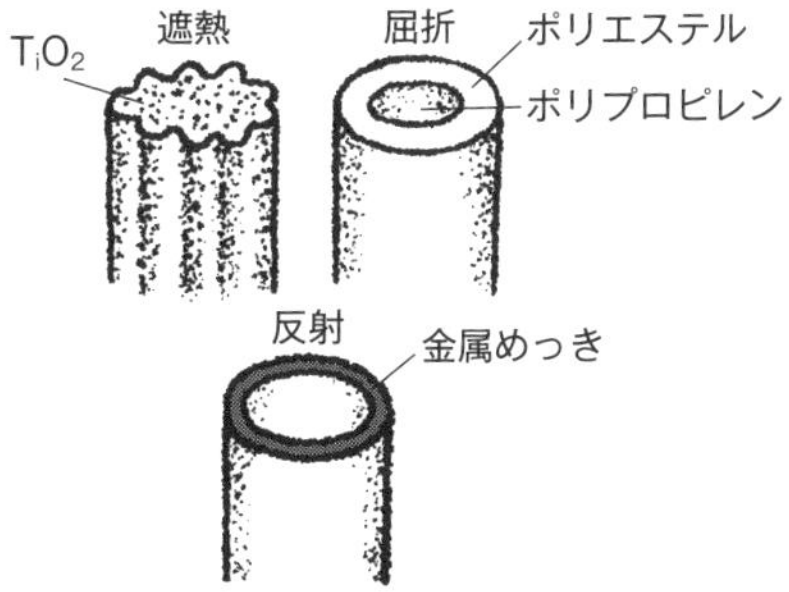

赤外線を遮断・屈折・散乱・反射して防ぐ

接触冷感繊維

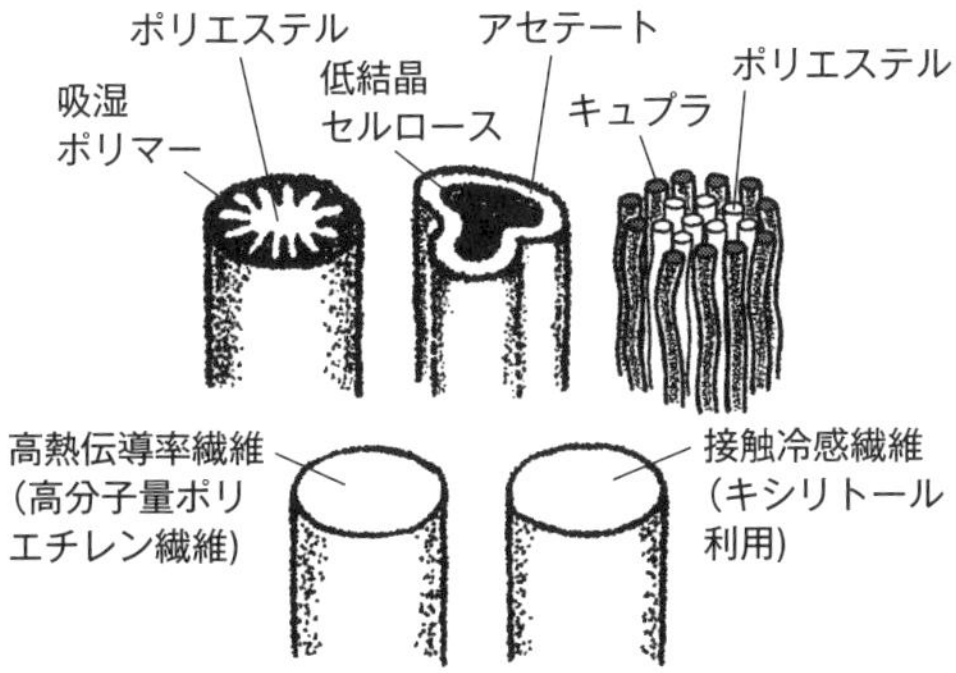

吸湿により熱伝導率・気化熱・冷却効果がともにアップ

ドライ触感繊維

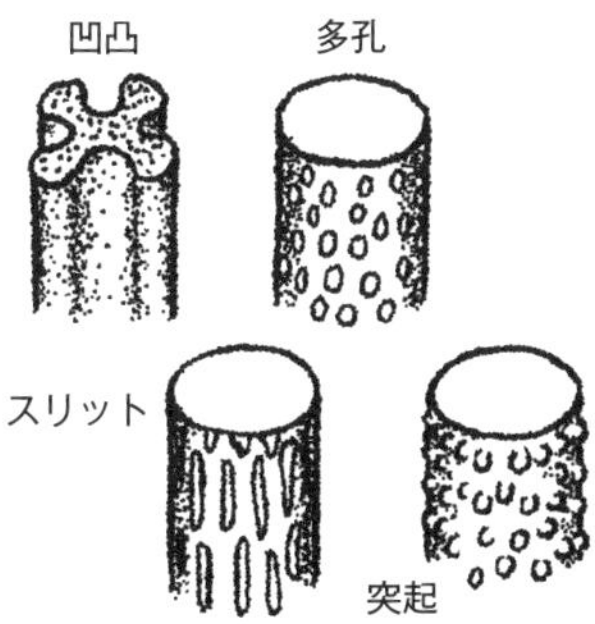

肌との接触を面→線→点にすることでドライな感触を与える

13 皮膚の弾力や張りを良くする衣料

―マヨネーズをつくった卵の殻の膜を繊維に配合―

栄養価が高く、私たちの食生活で重要な資源となっている卵は、マヨネーズの製造時に大量に使われます。このとき同時に、大量の卵の殻や卵の殻の内側に付着する卵殻膜が発生します。そんな卵の殻について、1950年代から土壌改良材や食品のカルシウム強化原料として用途展開を進め、2002年に再利用率100%を達成したのが、マヨネーズ製造最大手のキユーピーです。

一方、卵殻膜については、皮膚細胞に対する薬理効果や生理活性効果があることが、漢方薬の古い文献からも知られていました。しかし、溶解しにくいという性質が卵殻膜を再利用する障害になっていました。

1990年になって卵殻膜の可溶化技術が実現し、卵殻膜たんぱく質が肌の張りの素となるⅢ型コラーゲンを増加させる効果や、ヒアルロン酸を産生する繊維芽細胞を増やす効果を持つことがわかってきました。このため卵殻膜たんぱく質は、保湿効果のような肌に対する保護効果をうたった化粧品原料やヘアケア製品に応用展開されました。現在では、調味料やサプリメントなどの食品向けと並び、化粧品向けが卵殻膜たんぱく質の主要な用途となっています。

このような美容や食品に関係すると思われる卵殻膜たんぱく質ですが、意外なことに繊維用途にも展開されています。つまり、卵殻膜たんぱく質を肌に直接触れる衣服に応用すれば、美容にも良い効果があるとの発想が引き金になりました。しかし、キユーピーには繊維へのたんぱく質配合の技術がありませんでした。そんなとき、シルク（絹）を微細なたんぱく質パウダーとし、繊維に配合させる技術を持ち、さらに次のたんぱく質素材を探していた出光テクノファインと出会

皮膚の柔軟性（回復率）

径2mmの円筒に陰圧をかけて皮膚を引っ張り、どれだけ元に戻るかを10μm単位で測定。卵殻膜配合繊維を16日間貼った試験後の皮膚だけが回復率、つまり柔軟性が増した

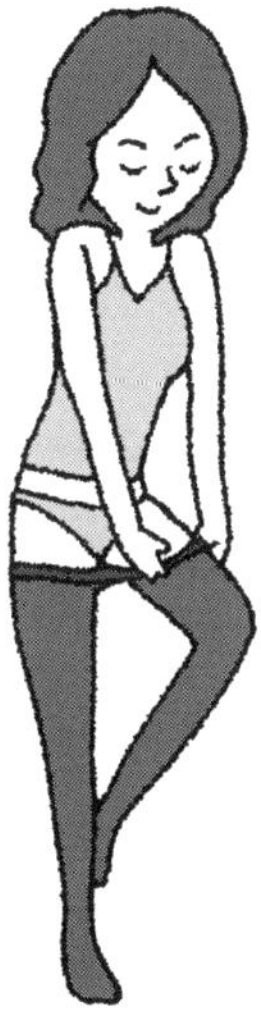

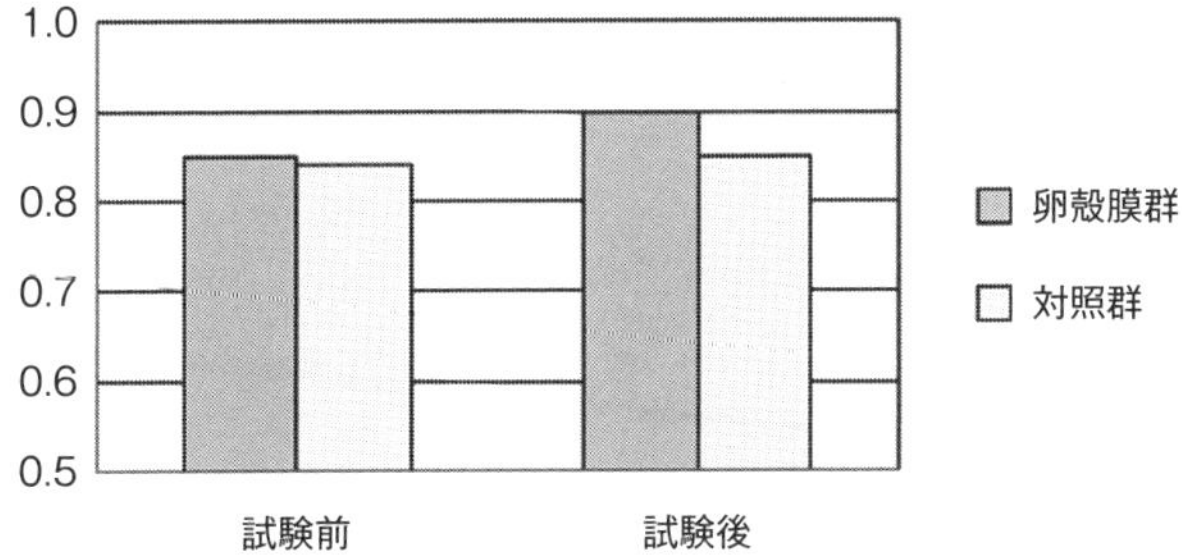

出所：キユーピー

うことになりました。両社で共同開発を進めた結果、卵殻膜たんぱく質を配合した繊維が誕生したのです。

この卵殻膜たんぱく質を配合した繊維を展開する上で最大の課題は、衣服として肌に対しどんな機能をアピールできるかでした。化粧品と同じ保湿性をうたっても新鮮さに欠け、衣服メーカーや消費者にアピールしにくいと考えたキユーピーは、新しい効果として皮膚の老化を表す弾力性に着目したのです。

そこで径2㎜の円筒に陰圧をかけて皮膚を引っ張り、放した後に皮膚がどれだけ戻るかをミクロンオーダーで測定できる装置を導入して検証した結果、卵殻膜たんぱく質配合繊維を貼った皮膚は皮膚の弾力性が向上するという結果が得られました。

肌に密着して皮膚の弾力性や張りを向上させるというアピールポイントは、ストッキングメーカーや肌着メーカーに受け入れられ、素肌に直接触れるストッキングやパジャマの下に着られるインナー、および着圧スパッツなどに採用されました。さらには卵殻膜パウダーを固着加工することで、吸放湿性の優れたスラックスやレインウェアとしても採用されています。

14 着ると潤いのある健康な美肌に
―衣服でスキンケア、お化粧も―

従来、衣服は寒さや暑さあるいは危険物から身体を保護するため、さらには羞恥心を抑える、美や権威を表現するなどのために着用され、またそれを目的に風合や外観、機能性などが改良されてきました。しかし、近年になると着ることで動きを補助してくれる衣服、たとえば水着やスキーのジャンプ用ウェアや姿勢を補正してくれる衣服、高齢者を介護してくれる衣服、病人やけが人を癒してくれる衣服、体調や身体の動きを計測管理してくれる衣服など、これまでとは違う着る目的を有した衣服がいろいろ開発されています。

そのような中で最近、着ることで肌荒れを防ぎ、潤いのある健康な素肌づくりを支える衣服が、下着・肌着メーカー数社によって考案され、「肌に優しい○○」「着る○○」「美肌○○」などと、化粧品のような効果をうたった商品が市場を賑わせています。

以前より、シルクの吸放湿性やオーガニックコットンの低薬品性をうたった肌に優しい商品は存在しました。そして2000年代の初めに、生地にビタミンを付与した衣類を富士紡が商品化し、それを機に朝鮮ニンジンやアセロラ、海藻などの美容成分を付与して化粧効果をうたった衣類が多くのメーカーで商品化されるようになりました。

たとえば、シルクの成分のアミノ酸や若い女性に多い皮脂成分のスクワランやセラミドなどによる保湿性を付与したもの、カニ殻の成分のキチンやキトサンによる保湿性を付与したもの、皮脂の酸化を抑制するαアルブチンを付与したもの、ミシン縫製の凹凸による刺激を少なくするため接着縫製や無縫製化したもの、ネームクロスの凹凸をなくすためプリント表示にしたもの、繊維の硬さなどによる肌への刺激を少なくするため繊維の繊度を細くしたものなどがあります。他にも、原糸から製品に至る薬品類の使用を少なくしたもの、着用による皮脂汚れなどを洗濯で落ちやすくしたり、洗剤が残らないようにしたものがあります。

　肌荒れを防ぐものとしては、アレルギーの原因物質の作用を抑制する加工を施したものや、汗をかくとアンモニアなどで肌がアルカリ性になり雑菌が繁殖しやすくなりますが、肌のｐＨを健康な肌と同じ弱酸性に常にコントロールするよう、アミノ酸や硫黄、カルボキシル基、リンゴ酸などを付与したものも見られるようになっています。また、最近は医薬品医療機器法（旧薬事法）の認可を得て、日本で初めて衣類を正式な化粧品としたものまで出始めるほど広がっており、新しい商品分野の誕生が期待されます。

成形編立による無縫製肌着

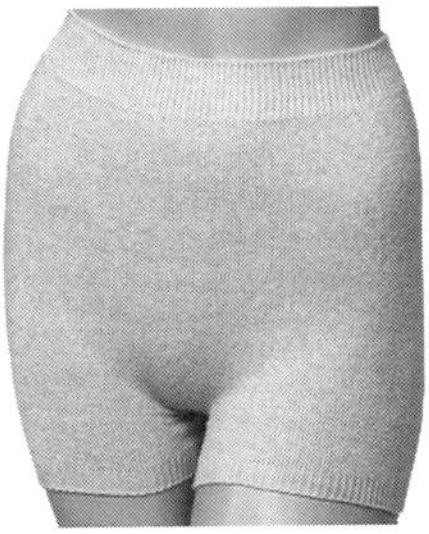

提供：オーガニックコットンのハーモネイチャー

接着縫製による無縫製肌着

提供：グンゼ

15 良い香りになる消臭衣料
―糞便臭が香水の原料になる？―

臭いを消す方法としては、〝臭い成分〟を他の化学物質で化学的に分解する、〝臭い成分〟を活性炭などの吸着材で吸着する、あるいは〝他の強い香り〟で臭いをごまかす、といった方法があります。しかし、これらとはまったく異なる発想で、不快な臭いを気にせずに済む繊維が開発されました。

味覚の世界には、「隠し味」という言葉があります。お汁粉に少しの塩を加えると、甘みがより引き立つというような手法です。

臭覚の世界にも似たようなことがあるのをご存じでしょうか。すなわち、さまざまな成分を配合して香水をつくる際、不思議なことに単独では糞便臭のする成分を加えることで〝より良い香り〟に変化する場合があるのです。

この点に着目して紡績会社のシキボウは、香料メーカーの山本香料と共同で糞便臭を芳香に変える繊維を開発しました。これは、あらかじめ糞便臭を加えれば〝良い香り〟になる香料から、糞便臭を除いたものを調合して繊維表面に付着させておき、糞便臭が加わった際に、フローラルな良い香りに変化させるというものです。

一口メモ

ポリエステルやナイロンなどの合成繊維では、300℃近い温度で溶融紡糸を行うため、繊維内部に香り成分を閉じ込めることは困難です。したがって繊維の形にした後、接着剤に香り成分を溶かし込んで、繊維表面に付着させるほか、マイクロカプセルと呼ばれる微小な容器に香り成分を封じ込め、接着剤で繊維表面に付着させるような手法をとります。

嫌な匂いも配合すると一変

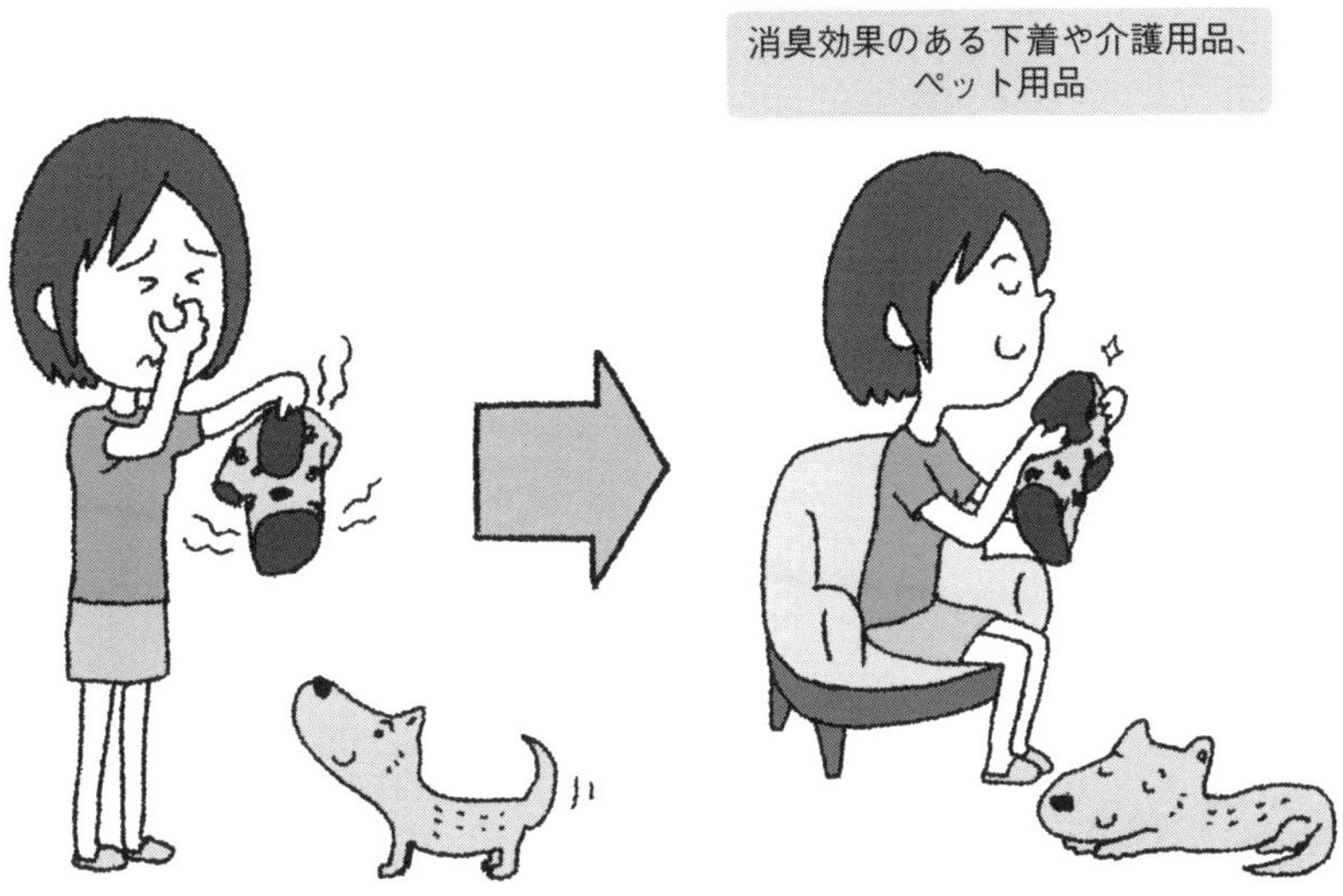

この繊維をおむつやおむつカバー、下着などの繊維製品に用いれば、不快なおならの臭いを和らげたり、おむつ替えの際、世話をする人の臭いに対する負担を軽減することができます。また、ペット用品への適用も期待できます。日本ではすでに多くの方々が、高齢者の介護に直面しています。この繊維製品は、不快な臭いによるストレスを和らげることができる優しい製品と言えます。

コーヒーブレイク

本来は無臭の繊維に、リラックス効果のある柑橘類や森林浴効果のある「フィトンチッド」の香りをつけることが行われます。香り成分は揮発性があり、熱を加えたり時間が経過したりすると、香りは急速に失われていきます。製造工程で高温にさらされることのないレーヨンなどの再生繊維では、紡糸原液に香り成分を加えて湿式紡糸を行い、繊維内部に香り成分を閉じ込めています。

16 光は通すが、室内は見えにくいカーテン
―レースカーテンの不思議―

室内にカーテンを掛けるとき、厚地のカーテンとレースカーテンを吊るします。厚地のカーテンは外からの光を遮断したり、室内が見られないように用いられ、レースカーテンは外から光を採り入れながら、室内を見られにくくしています。

しかし、従来のレースカーテンは、外から光を採り入れる「採光性」を高めると外から見られやすくなり、室内を見られなくする「遮像性」を高めると室内が暗くなり、「採光性」と「遮像性」を両立させるのが難しいという欠点がありました。

一方、合成繊維では断面形状やポリマーを変更することで、光を反射したり屈折したり遮蔽したりする技術が進んでいます。これらの技術を活用することにより、上記の欠点を改善したレースカーテンが開発されました。

すなわち、レースカーテンに使う繊維の断面形状を、扁平形状で四つ山を持った特殊な断面形状にすることで、生地が薄くなって光の採光性が従来品と対比して約2倍に改善されたのです。このほか、繊維断面の扁平化により糸の断面も扁平化され、生地の隙間が埋まるとともに、四つ山断面形状の効果で光が散乱・屈折・反射され、遮像性が改善されたレースカーテンが開発されました。

このレースカーテンは、「日中は家の中で照明を使いたくない」「自然光を浴びて癒されたい」「北向きの部屋でも快適に暮らしたい」という消費者の声から生まれた商品とのことです。レースカーテンに使う繊維の断面形状を工夫することにより、室内を明るく保ちながらも外からの視線を遮り、室内の目隠しに役立っています。

四つ山扁平断面繊維の効果

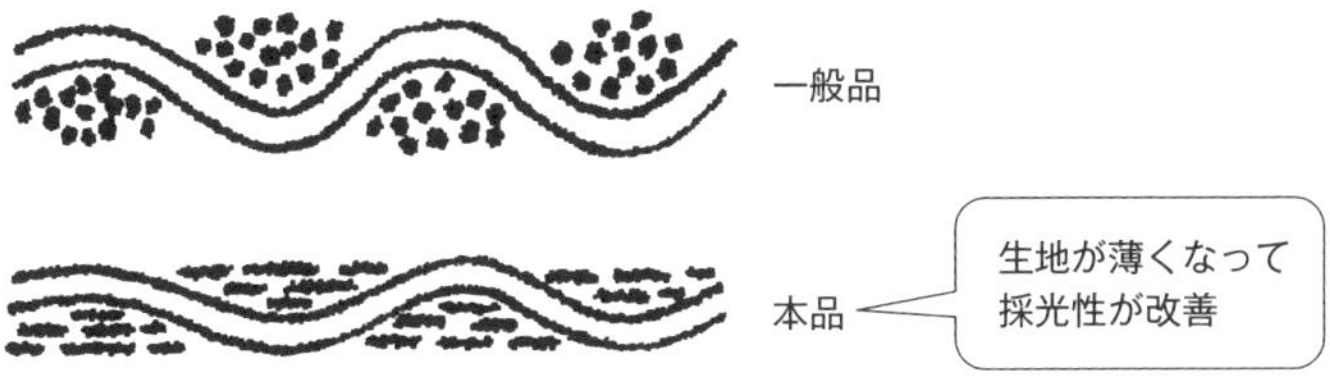

（1）カーテン断面図

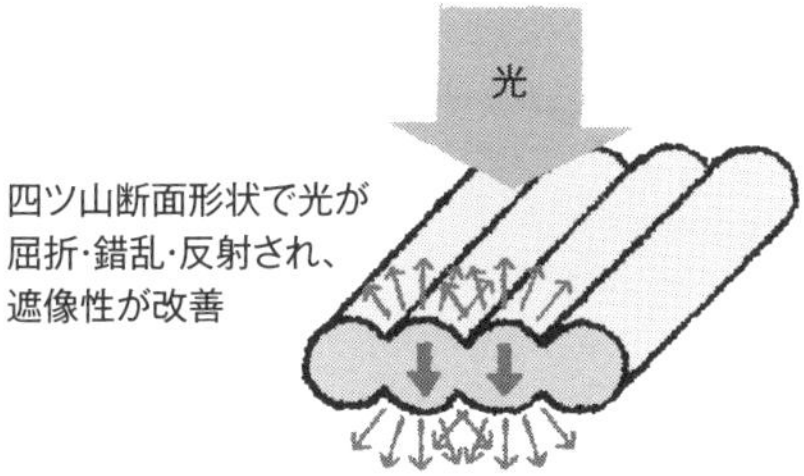

（2）光の進み方

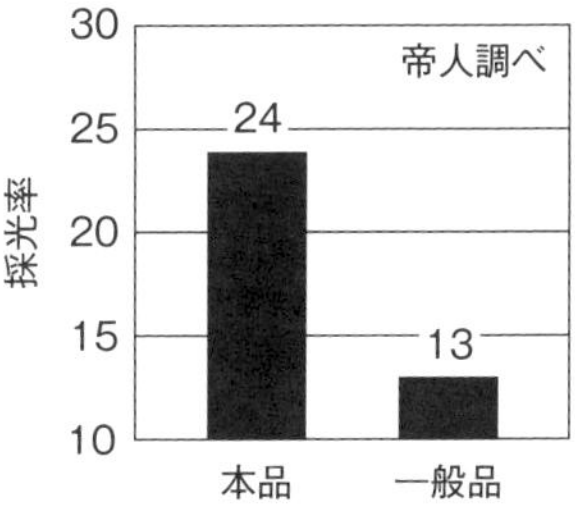

（3）採光性能

採光性と遮像性

従来品（右）より約2倍の光を通して部屋も明るく快適

昼でも夜でも屋外から室内が見えにくい

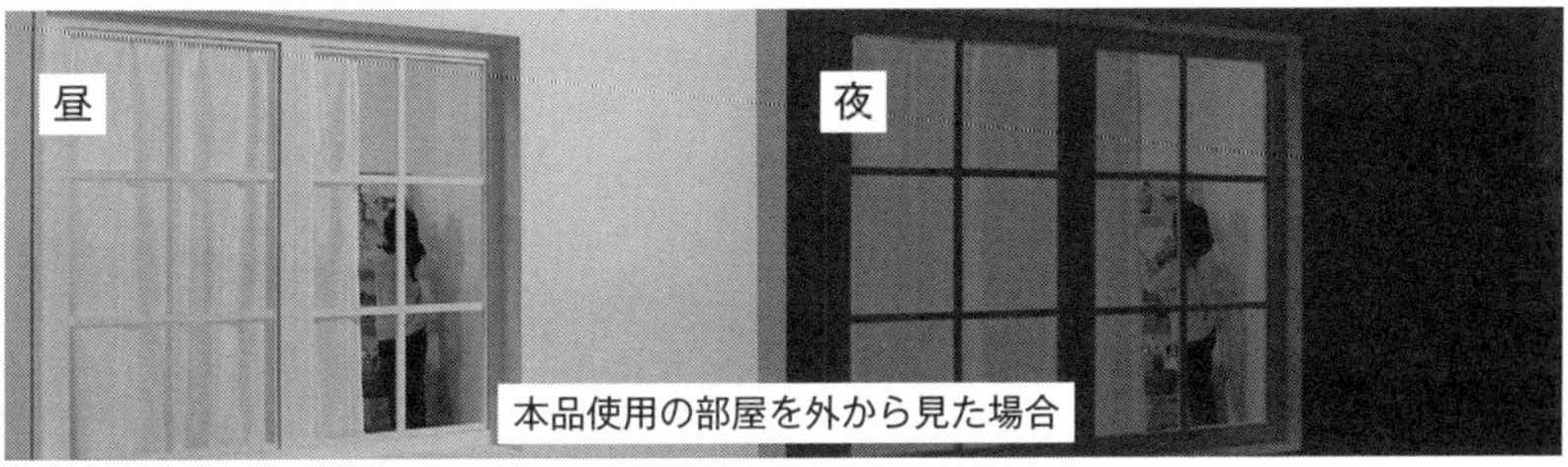

提供：帝人・ニトリ「N/ナチュレ」

17 水をたくさん抱え込む繊維
―自重の80倍もの量を吸水する―

紙おむつの中味を見ると、吸水性のパルプに混ざって白い粒が多数入っています。これは超吸水性樹脂と言われるもので、尿を素早く内部に多量に吸収して寒天のように膨れ、尿を外に出さないため、ある程度長時間おむつを当てていてもおしりが濡れることがありません。

ところで従来の繊維では、繊維内部に抱え込める水分（水分率）は標準状態（20℃、65％RH）で、合成繊維ではナイロンの4・5％が最も多く、天然繊維でも羊毛（ウール）の15％程度が最大です。自重の数十倍（すなわち水分率数千％）以上というケタ違いの水分を内部に抱え込める、超吸水性樹脂を繊維化することが可能となりました。

大量の水を素早く繊維内部に吸水し、多少の圧力を加えても水を離さないユニークな超吸水性繊維が、帝人や東洋紡から販売されています。これらを使って織物や編物、不織布などの布地に仕立てることも実現可能です。

このような超吸水性繊維は、吸水すると直径が10倍以上に膨れますが、乾燥すると元の状態に戻って繊維強度の低下もありません。このような繊維の用途については、紙おむつや生理用品などの衛生材料、手術用の血液吸収体などのほか、保水・緑化シートとしても有用です。

すなわち、超吸水性繊維でネットをつくり、これを緑化したい法面や平地に敷設しておくと、雨水を多量に吸水し、また乾燥速度が遅いため長期にわたって保水状態を維持します。そのため植物の発芽や生長促進に役立ちます。保水・緑化シートとして、砂漠の緑化にも役立つことが大いに期待されます。

吸水前と吸水後の繊維の太さ

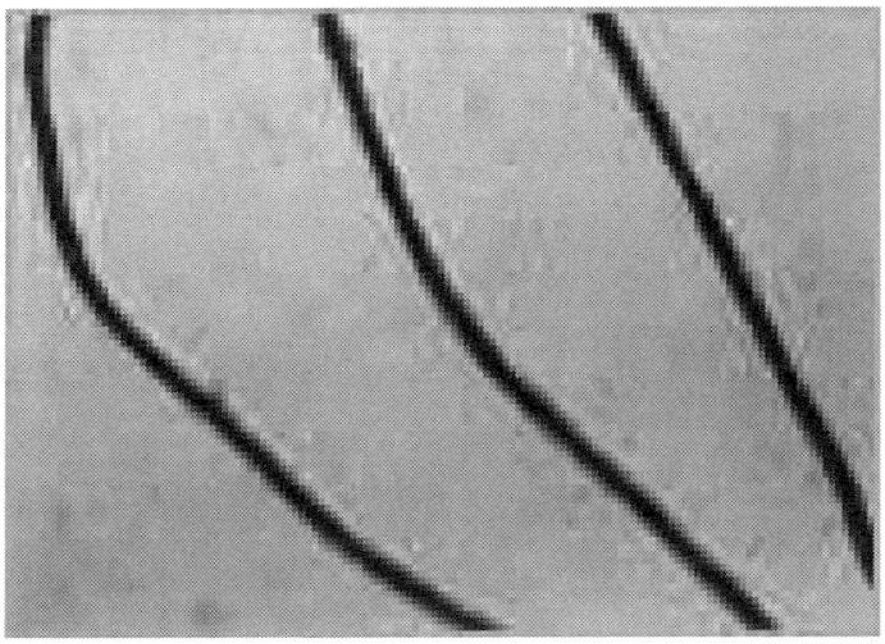

吸水前

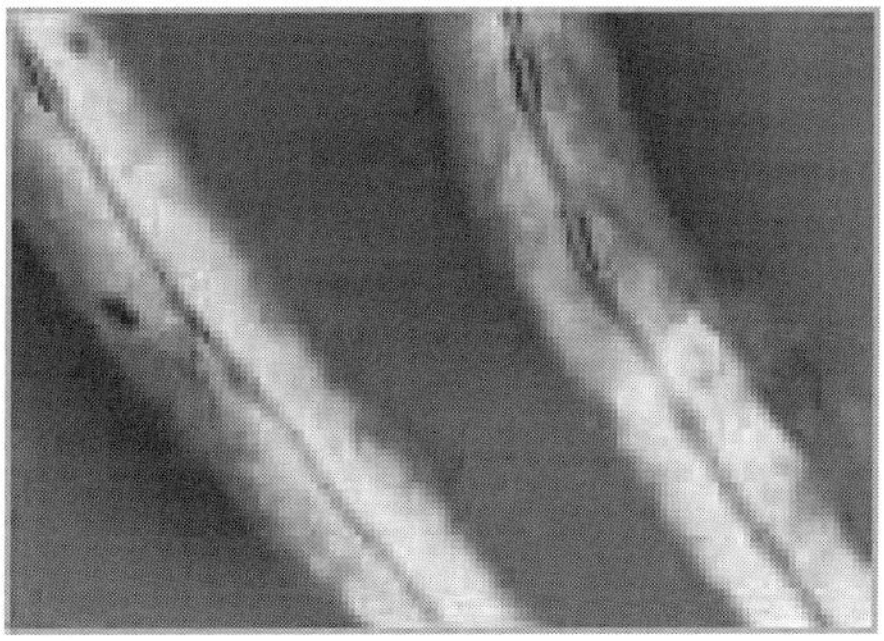

吸水後（同一倍率）

超吸水加工した外層とアクリル繊維を内層に持つ2層構造で、水に接すると速やかに吸水・膨潤し、直径が約12倍に膨れる。繊維物性は芯のアクリル繊維で維持し、吸水してもほとんど低下しない

提供：東洋紡「ランシール」

吸水、保水の原理

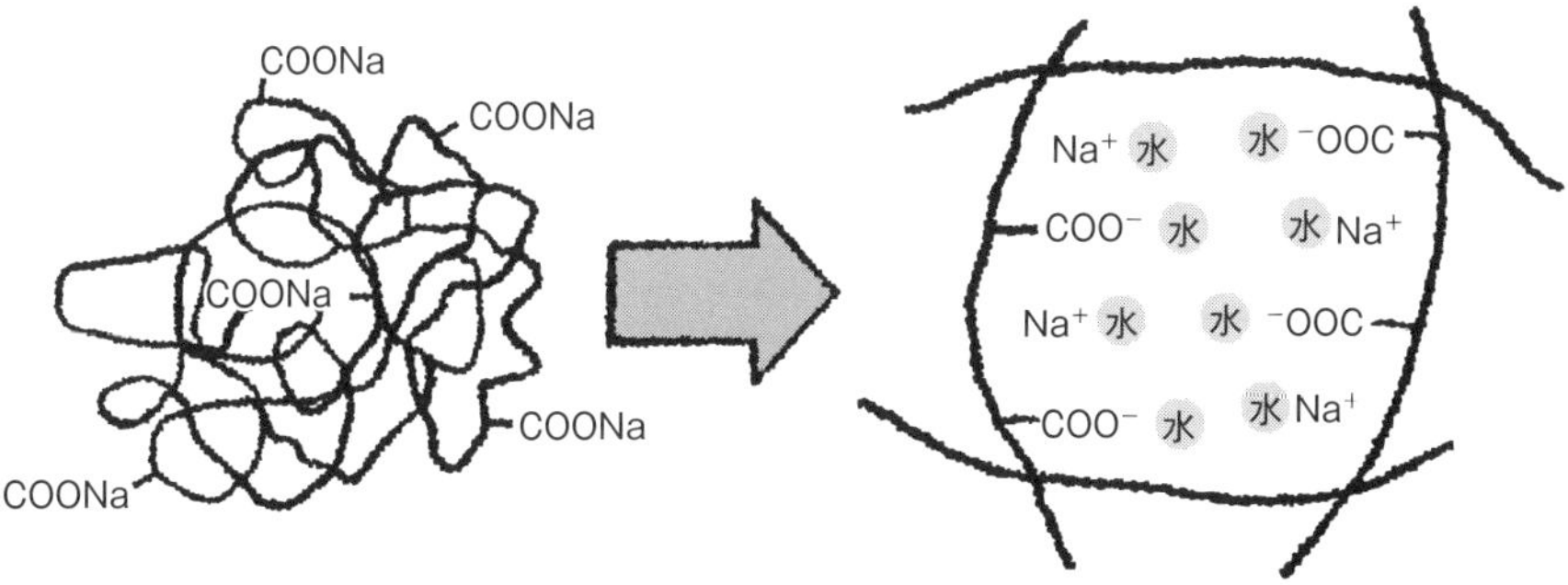

吸水前は高分子鎖が絡まり合い、－COONaは電離していない

吸水すると電離して生じたCOO^-イオンとNa^+イオンの周りに多くの水がとらえられ、保水する

18 どんな形にもできる繊維
―熱融着繊維の不思議―

熱融着繊維は、通常よりも融ける温度が低い繊維のことです。多くの場合、1本の繊維の芯部分に高融点成分、鞘部分に低融点成分を配置した2成分ポリマー複合繊維です。

この繊維を繊維集合体の中に混ぜて、低融点成分だけが融ける温度で処理すると繊維同志が接着し、形状を固定することができます。繊維集合体は、短繊維を原料としてカード機や湿式抄紙法でつくりますが、目付は数g／㎡から3kg／㎡程度のものまで製造が可能です。

この繊維集合体を熱処理する方法によって、薄くて柔らかな布状のもの（不織布）から厚くてクッション性の良いもの（固綿《かたわた》）、あるいはガチガチに固い板状のもの（繊維ボード）など〝厚さ〟と〝固さ〟は自由に加工できます。

薄くて柔らかな不織布の代表例としては、紙おむつの表面材があります。この場合、熱融着繊維としてポリエチレンやポリプロピレンのような柔らかい繊維を使い、繊維集合体に熱エンボス加工を施して肌に刺激の少ないものとしています。

固綿の使用例としては、ポリエステル系熱融着繊維を用いた敷布団の固綿芯材、椅子・ソファーのクッション材あるいは肩パットなどがあります。固綿は平板状に熱融着加工したものをそのまま使用できるほか、熱融着加工後の熱いうちにコールドプレスすれば所望の形状に加工することも可能です。さらに、型枠の中にバラバラに開繊した短繊維を均一に吹き込み、後で型枠の中に熱風を吹き込むことで、型枠の形状のまま成形することもできます。

このような固綿は、通気性が良いため蒸れないとい

熱融着繊維の接着状況

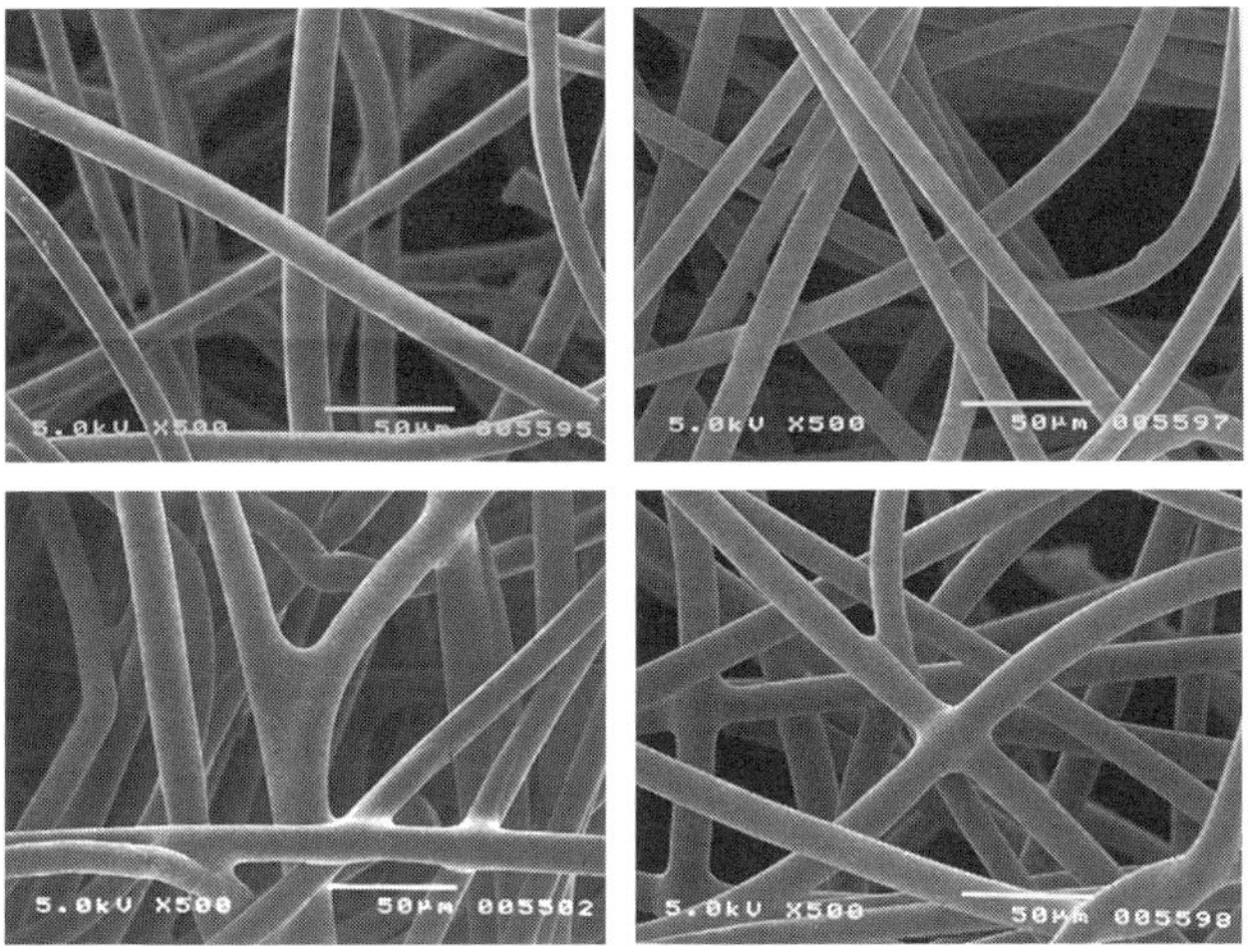

100℃ 120℃ 130℃ 140℃

鞘部分の融点が130℃のポリエステル系熱融着繊維融合体を100℃、120℃、130℃、140℃と湿度を変えて熱処理したときの状況。130℃以上では溶けた鞘成分が繊維の交点に水かき状に集まり、繊維同士が接着されている

う長所があります。また再度、加熱成形すればリサイクルも可能です。

最近では、ゴム弾性のある低融点成分を持つ熱融着繊維を用いた、ウレタンフォームのように柔らかな風合があり、厚さへタリの少ない固綿が開発され、地下鉄や鉄道車両のクッション材のほかブラジャーパットとしても用いられています。

繊維ボードは、固い板状にもかかわらず内部に多くの空気を含んでいるため、金属板や樹脂ボードよりも吸音性や断熱性が良好です。また、ピンを刺したときに跡が残りにくく、パーテーションボードや掲示板にも用いられます。

さらに、110℃の雰囲気でも軟化しない耐熱性のポリエステル系熱融着繊維（結晶融点が160℃か180℃の製品）が開発され、内部温度の上昇しやすい自動車の内装基材（たとえば成形天井基材やドアトリムなどの吸音性基材）や耐熱フィルターとして使用されています。特にポリエステル繊維はリサイクルが可能で、燃焼ガスの毒性も少なく環境負荷の少ない素材と言えます。

19 じんわりと暖かくなる羽毛
―軽量、嵩高の秘密はダウンにあり―

私たちの体温は、どんな環境温度にもかかわらずほぼ一定値を示すのに対し、人体皮膚温度は環境温度に対して大きな変動を示します。人体は環境温度を皮膚の温度受容器で感知し、脳の中にある温熱中枢で温度情報として統合し、血流や発汗などによって温度調節が行われています。衣服やふとんは、この人体皮膚温を適正範囲に調節する役割を担っており、平均皮膚温33℃を保つためにいろいろな繊維製品がつくられています。

羽毛ふとんの詰め物として使うダウンは、主として水鳥の胸から腹部に多く見られるタンポポ状の綿毛状であり、ダウンは嵩高で大量の空気を含んでいます。空気は熱伝導率がきわめて低く、空気を多く含むダウンからなるふとんやジャケットを着ると体温が外気に奪われず、暖かいわけです。

一方、フェザーは一般的には羽根と呼ばれており、湾曲した羽軸を持ち弾力性に富んだ構造をしています。羽毛ふとんにフェザーを少し加えることによって弾力性が増し、へたらないふとんに仕上がります。商品として羽毛ふとんが高い評価を得ているのは、①暖かい、②軽い、③嵩高であるのにへたらない、④吸湿性がある、⑤放湿性があって湿り気を感じさせない、という理由からです。寒い季節に羽毛ふとんに潜り込むと、じんわり暖かさを感じ、良い眠りを誘ってくれます。

羽毛の構造を見ると、羽軸―羽枝―小羽枝とだんだん細くなっていき、小羽枝には多くの鉤《かぎ》があります。鉤と鉤が互いに向き合って引っかかり、相互に内部に入り込むことなく排除し合う構造が嵩高の要因であり、大量の空気を含む断熱材の性能を持つ要因となっています、圧縮されても絡み合うことはなく、圧縮応力を

ダウンの構造と小羽枝の先端部（鉤《かぎ》）

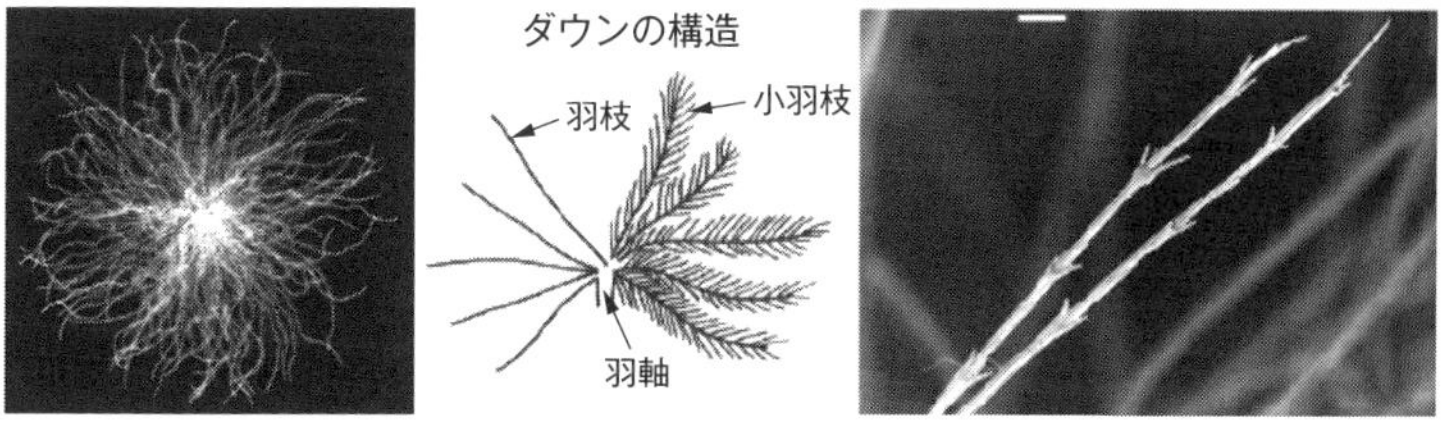

提供：西川産業

羽毛ふとんと毛布を組み合わせた寝床内温湿度

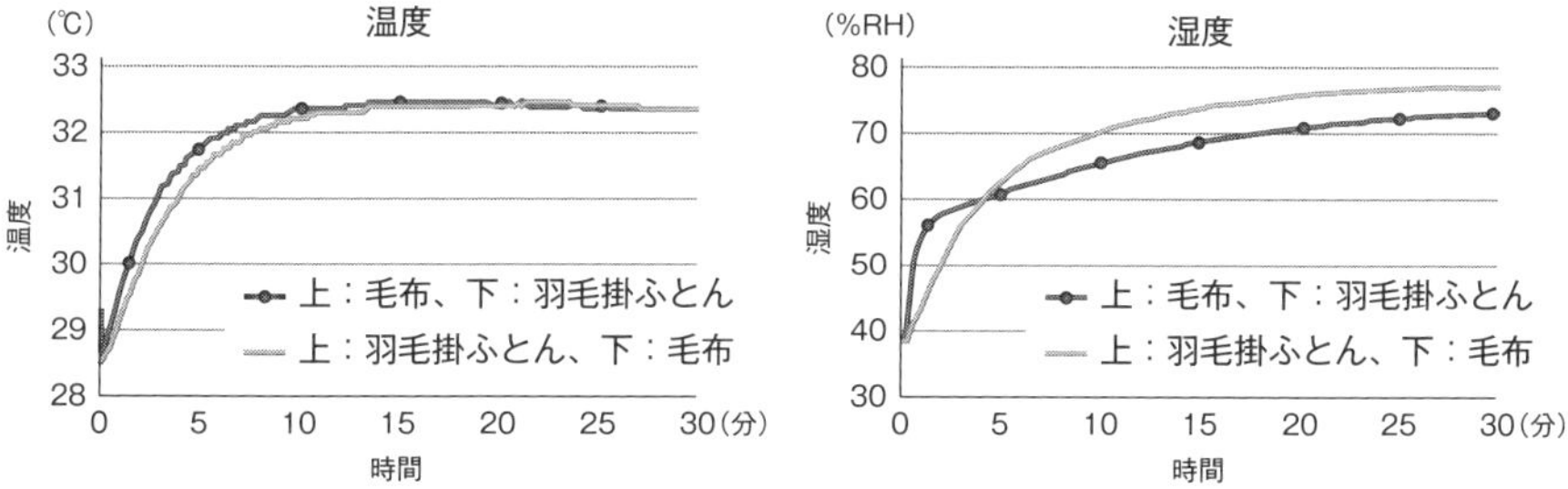

出所：西川産業

取り除くと元に戻り、嵩高いのにへたりにくいという特徴があり、羽毛ふとんに詰めるダウン比率を多くしていくと保温性も増えていきます。

人体は、一定体温を保つため自覚のない汗（不感蒸泄《じょうせつ》と呼びます）を出していますが、羽毛ふとんに潜り込むと、体から出る汗を羽毛が吸って吸湿発熱を起こします。ふとんの中に入り、しばらくするとじんわりとした暖かさを感じるのは、体温でふとんが暖かくなるのと同時に吸湿発熱の効果のためです。

羽毛ふとんと合繊（アクリル）毛布を重ねて眠る際、羽毛ふとんの上に毛布を掛けて眠るのと、毛布の上に羽毛ふとんを掛けて眠るのでは、どちらが暖かいでしょうか。軽量で嵩高の羽毛ふとんを身体側にすることで、体にぴったりとフィットし、さらには羽毛の吸湿発熱効果もあって暖かいのです。

ダウン構造を再現しようと、人工羽毛への挑戦が長年にわたって続けられています。軽量・嵩高で、ふとんに入るとじんわりと暖かく、寒い冬でも安眠を誘う夢のようなふとんの出現が待たれます。

20 30%もの水を含んでも凍らない繊維 ―羊毛が快適な暮らしをもたらす―

衣料用として使われる羊毛は羊の毛が原料です。羊は古代から家畜として飼育され、毛の色を白く、毛を細く産毛《うぶげ》だけが生えるように品種改良が行われ、私たちの生活を支えています。

羊毛には捲縮《けんしゅく》（ちぢれ）があり、これが軽くてふんわりとした手触りの暖かな羊毛の風合をつくる重要な役割を果たしています。羊毛は基本的には吸湿性に富んだ材料であり、暖か素材として防寒衣料だけではなく、温度調節素材として年間を通じて多く使われています。

羊毛は、ケラチンと呼ばれるたんぱく質繊維に分類され、アミノ酸からできています。アミノ酸は1分子中にアミノ基とカルボキシル基を持つ化合物で、羊毛は基質的に親水性が高く吸湿性に優れています。

羊毛の構造を見ると、繊維本体を構成する親水性のコルテックスが、キューティクルという疎水性の表面を持つスケールと呼ばれる鱗《うろこ》状細胞で覆われています。繊維本体を構成するコルテックスは、紡錘状のコルテックス細胞が数十個集合して構成され、各コルテックス細胞間は細胞膜複合体という組織で接合され、外部とつながり、空気や水を取り込んでいます。

紡錘状のコルテックス細胞は、繊維細胞の集まりであるマクロフィブリルで構成され、マクロフィブリルはさらにミクロフィブリルの集まりです。さらに、ミクロフィブリルはマトリックスたんぱく質と凝集した状態になっており、最小単位のたんぱく質分子であるα-ヘリックスコイルの束により構成されています。

羊毛は水に濡れるとまずキューティクルが水を弾きますが、水分が多くなるとスケールが開いて親水性のコルテックスが水分を吸うことになります。このこと

羊毛の形態組織

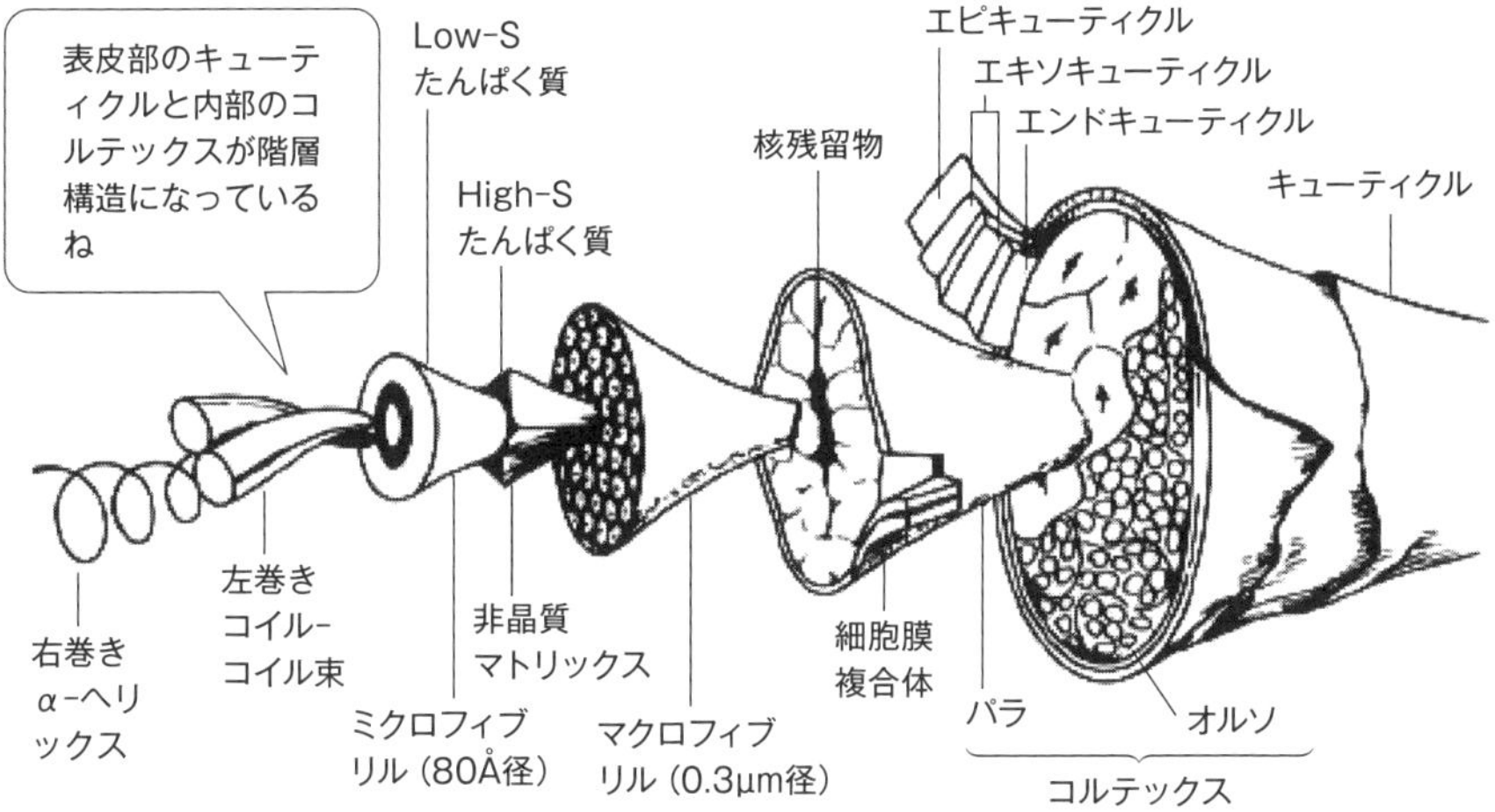

出所：「新繊維材料入門」、宮本武明ほか、日刊工業新聞社、1992年、p.24

羊毛繊維の断面

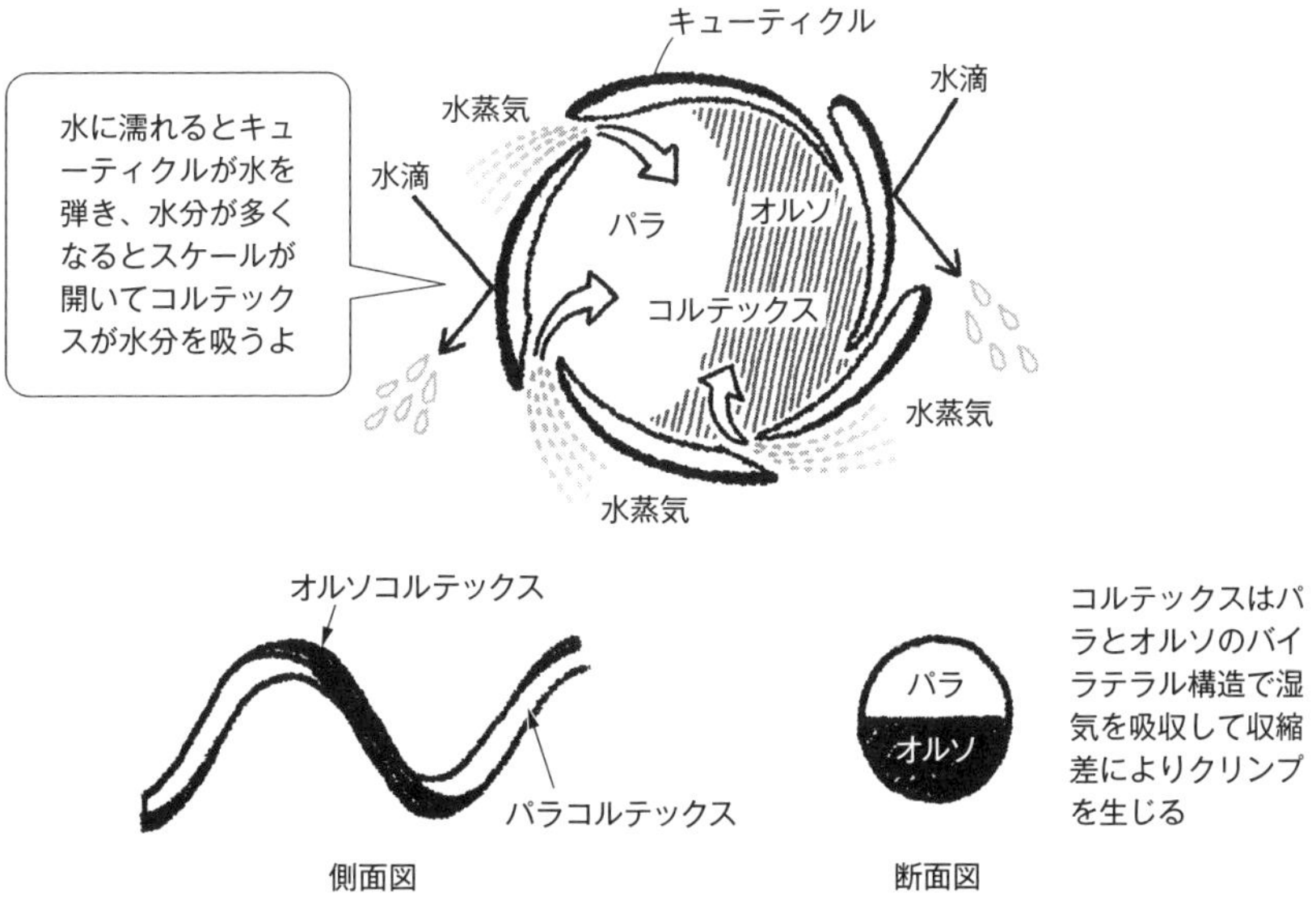

出所：「新繊維材料入門」、宮本武明ほか、日刊工業新聞社、1992年、p.24

から、表皮部のキューティクルと内部のコルテックスが階層構造となっており、羊毛が撥水性と吸水性という相反する性質を兼ね備える理由がわかります。

また羊毛は、オルソコルテックスとパラコルテックスという2種類のアミノ酸組成のバイメタルのようなバイラテラル構造になっており、湿気を吸収したときの両者の収縮挙動が異なり捲縮（クリンプ）を生じます。クリンプにより、隣接する繊維との間には多数の空隙が生じ、保温性に優れた特性を持つことになります。このクリンプは、吸放湿性に応じて伸縮差を生じ、あたかも生きている組織であるかのように動きます。このように、羊毛は吸放湿性とともに保温性にも優れ、防寒衣料のみならず夏の衣料（サマーウール）にも使われています。

羊毛は吸湿性に優れた構造をしていると説明しましたが、水分はどこまで吸うことができるでしょうか。羊毛は、30％まで水分を吸収することができ、木綿や化学繊維に比べて大変吸湿性に優れた繊維です。

各種繊維の相対湿度と繊維の水分率の変化を見ると、羊毛繊維は最もよく水分を吸収していることがわかります。すなわち、羊毛はその複雑な構造の中に水分子を取り込むことができ、それを超えると初めて羊毛中に自由水を生じることになります。

言い換えると、水を30％吸っても、羊毛は凍らないという性質になります。これは、「羊毛中のたんぱく質に接近する前の水分子はそれぞれがクラスターを形成し、水分子のクラスターがたんぱく質に近づくと、水素結合やクラスターを形成する凝集力よりも強固なたんぱく質と水分子との水和が生じます。クラスターが形成できない水分子は凝固することはなく不凍水となるため、水分率が30％以下であれば羊毛は凍結しない」と、お茶の水女子大学の田中弥江氏と仲西正氏は説明しており、羊毛のたんぱく質の水和は非常に複雑で、その詳細については議論が続けられています。

30％もの多くの水分を吸収する羊毛の優れた吸放湿性は、着衣材料として、寝具材料として、衣服内や寝具内の温湿度を調節してくれる優れた温湿度調節材料です。

人間は、さまざまな生活環境の中で、人体からの産熱（約100W程度の発熱）により深部体温を一定の

37℃に保っており、発汗により体温調節しています。冬山登山などで木綿などの肌着は汗を吸収してくれますが、水に濡れたままでは身体から熱を奪い凍死の危険があります。羊毛のセーターは体からの汗をしっかりと吸湿してくれ、水分で身体を冷やされることなく低体温症から身を守ってくれます。

羊毛の優れた吸放湿性は、衣服だけでなくインテリア分野や寝具分野でもよく活かされています。寝具として羊毛100%使いの毛布と、吸放湿性の低い合繊100%使いの毛布とを睡眠実験で比較すると、一晩の睡眠時間の中で、深い眠りを表す深い睡眠段階で眠っている時間は、統計的にも有意差が見られます。

羊毛100%の毛布は、一晩の就寝中に発汗する汗を吸収して睡眠中の体温を調節し、寝具と体との間にできる空間の湿度は合繊毛布よりも低く抑えられます。こうした羊毛の吸放湿性の良さにより、快適な睡眠が得られることが証明されています。また、住宅・建材分野でも、羊毛の水をよく吸う特性をうまく利用されています。外気湿度の大幅な変化に対して、羊毛の断熱材や屋根裏材などを使った室内の湿度はほとんど変化しないのです。

各種繊維の相対湿度と水分率

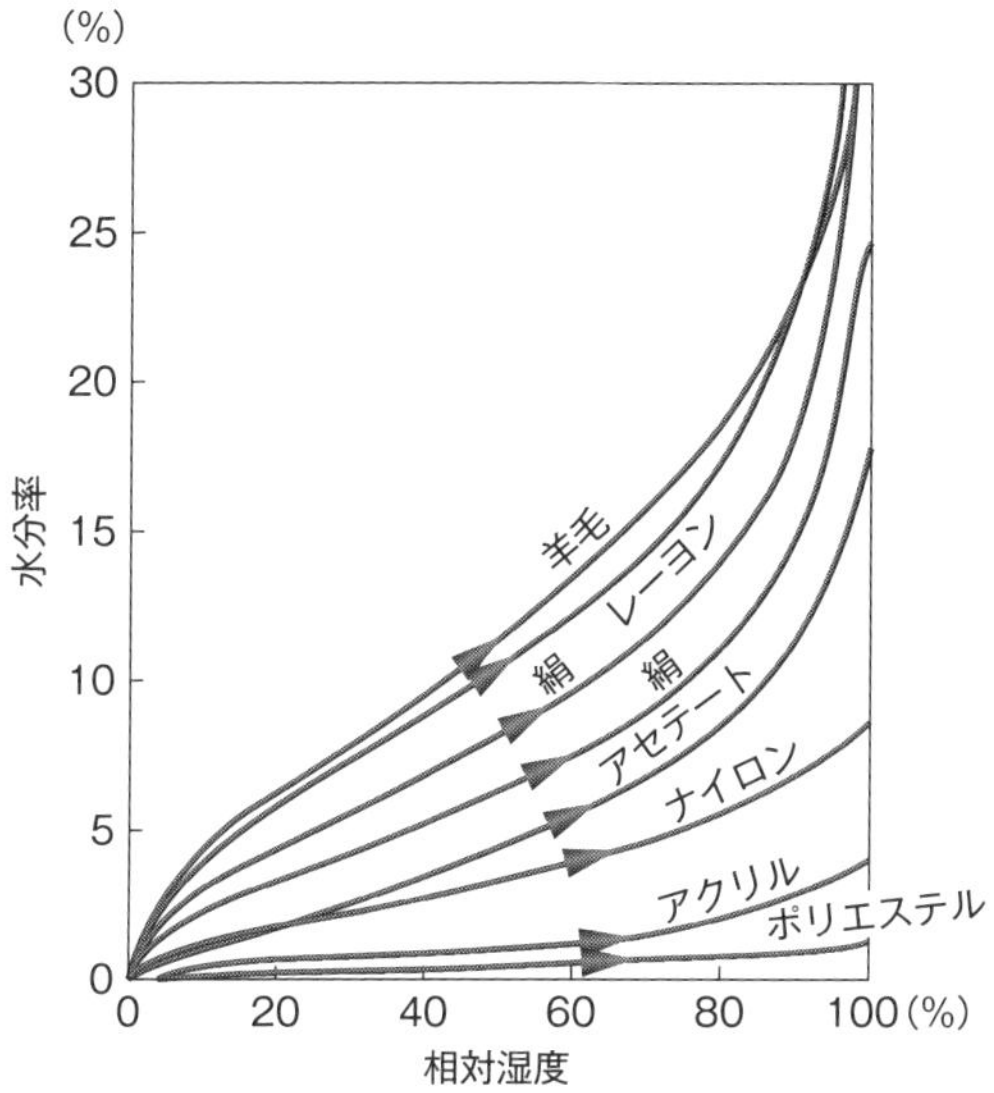

出所：「繊維に関する一般知識」、日本衣料管理協会、2012年

一口メモ

羊毛は調べれば調べるほど不思議な繊維で、多くの矛盾した性質が巧みに調和しながら存在しています。繊維技術が進歩した今日においても、“羊毛に代わる羊毛なし”とまで言われているのも理解できます。

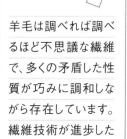

21 世界記録を水着で狙う
―0・01秒差に挑戦する繊維―

2020年のオリンピックは再び東京での開催が決まり、若手選手の活躍が期待されています。1964年、日本で初めて開催された東京オリンピックの頃、水泳競技ではトレーニングの方法と練習環境の改善により、次々と世界記録が更新されていました。当時は、選手の体力と持久力の向上が記録更新への課題でした。しかし、現在では水着の性能がスピードに関係することが実証され、選手と水着メーカーが協力して性能の向上に努力しています。

一方、計測技術の進歩により、スタートとゴールの計測精度が向上し、現在は0・01秒まで正確な計測が可能になっています。特に水泳短距離の場合、昔は「タッチの差」などと言われましたが、現在はスタートの合図と連動したタッチプレートによって正確なタイム計測が行われています。

水泳では水の抵抗に逆らってスピードを競うわけですが、1905年の男子自由形100mの世界記録は65秒台でしたが、約100年後の2009年には46秒台に短縮されました。約100年で19秒短縮されたことになります。

特に80年以降は記録が緩やかに更新し続けられていることがわかります。選手の体力づくりと泳法フォームの改善など、選手自身のたゆまぬ努力のほかに水着の進化の影響があるようです。

水着の素材、特に競泳用水着には絹が長く使われてきましたが、合成繊維の出現によりナイロンへと変わりました。さらにその後、伸縮性を有するポリウレタン（PU）素材の出現で身体にフィットさせるニット素材が主流となり、記録更新に貢献しています。

80年代以降、人体の姿勢や水着の素材・構造が水の

五輪競泳100m自由形優勝記録の推移

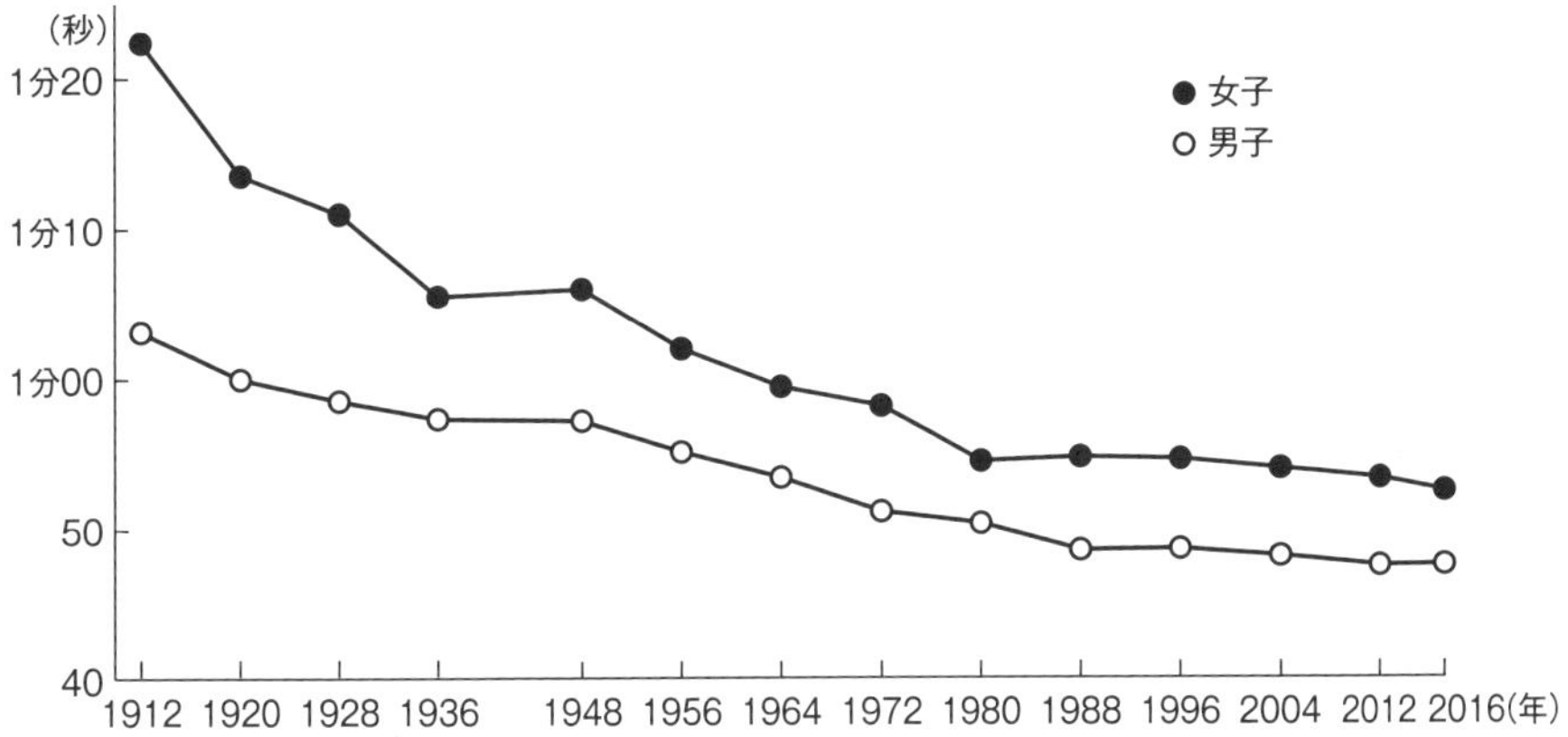

抵抗に及ぼす影響についての研究が盛んに行われるようになり、流体力学的な見地から抵抗を減らす取り組みが数多くなされるようになりました。このような研究の結果、00年のシドニーオリンピックにおいて、水着は全身を覆うスーツとなって数々の記録を更新しました。

しかし、国際水泳連盟（FINA）はこうした水着に対して規制を加え、上肢を覆う形状や鮫の肌からヒントを得た微小突起を表面に設けるような素材の2次加工を禁止したのです。それでも水着の開発競争は続き、08年の北京オリンピックでは、高剛性の布帛にPUシートを貼り、高着圧（締め付け）による体型補正をした水着が登場しました。これをきっかけに開発競争は再び激しくなり、浮力を意識した発泡ラバーやPUシートで全身を覆う水着が登場すると世界新記録が次々生まれ、水着による速度の向上が明らかとなりました。

ここで、FINAは再び規制に乗り出し、通気性がなく、構造的に浮力を生じる発泡ラバーやPUシートが貼られた素材は禁止され、水着素材は織り、編み、紡ぐという工程でつくられたテキスタイルに限定されました。身体を覆う面積も膝から下を覆う形状は認められず、さらに男性用は上半身を覆うことも禁止となりました。

学校などで使われる一般的な水着では、身体へのフィット性や撥水性、耐久性など、主として長く快適に泳ぐための機能が重要になります。一方、競技用の水着に限ると、要求特性は推進力を高めることと水の抵抗を減らすことの2つに集約されます。

競泳選手が受ける水の抵抗には形状抵抗、摩擦抵抗、造波抵抗などがあります。形状抵抗を減らすためには、締め付けを与えることで体の表面の凹凸を滑らかにすることが効果的です。ところが、過剰な締め付けは選手のフォームを崩して疲労を増やすため、関節の動きやすさとのバランスが重要になります。

10年以降、水着の素材は規制を避ける目的で、剛性の高いナイロンやポリエステルと伸縮性の高いPUの複合素材による緻密な織物に変わり、塑性変形を押さえて適度な着圧が得られる素材になりました。さらに縫製は縫い目をなくすために、超音波ミシンによるシームレス縫製に変わり、水着表面の平滑性はより向上しました。

また水泳中の身体の動きで、臀部と胸部など身体突出部の後方において大きな水流の乱れが生じ、抵抗を増やすことがわかりました。そこで、適切な体型補正により形状抵抗を減らす試みが報告されています。燃費の向上を求めて空気抵抗係数（Cd値）を小さくするために、クルマの外形デザインが箱形から丸みを帯びた流線型に変化したように、水着も水流抵抗を抑える取り組みが続けられてきました。

競泳用水着は限られた面積の中で摩擦抵抗を下げ、体型補正を行うなどの改善がこの間、図られてきました。メーカー各社はさらにレベルの高い水着の開発に

東京オリンピック時の水着

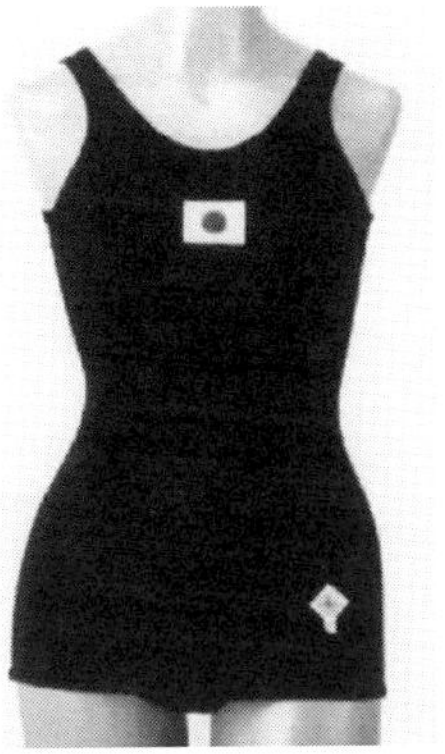

ナイロン100%の水着

提供：ミズノ

現在の女性用競泳用水着例

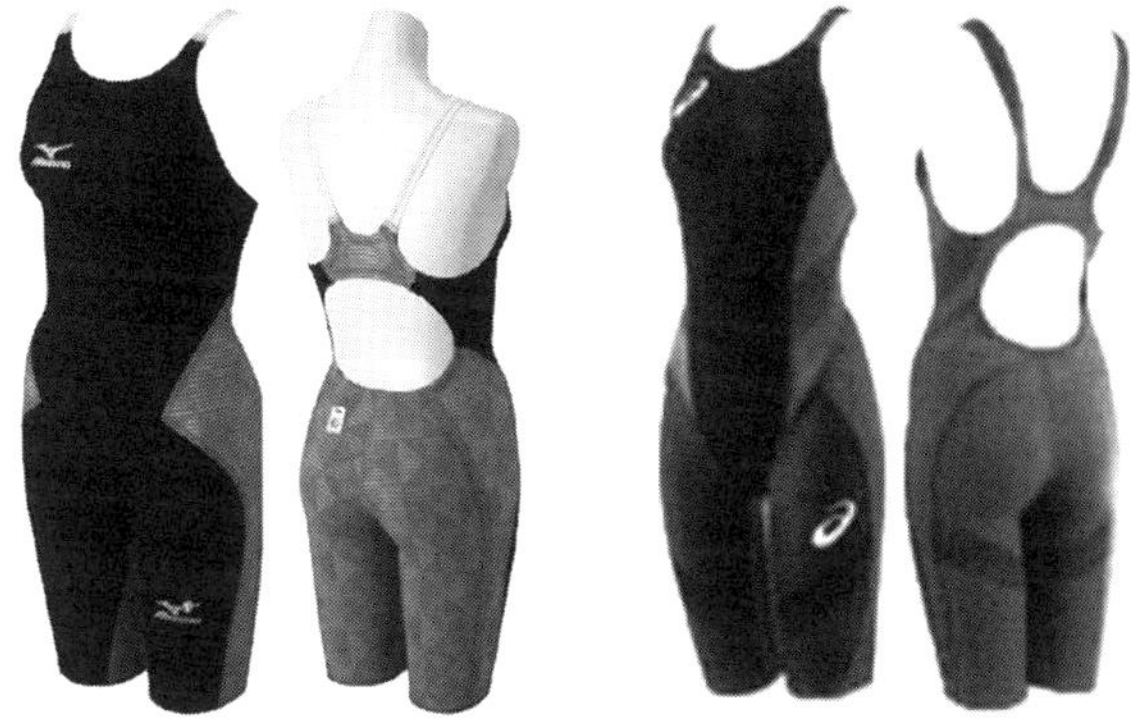

ナイロン・ポリエステル／ポリウレタン複合糸素材

提供：ミズノ（左）、アシックス（右）

努力しています。今後のトレンドとしては軽くて薄く、強い素材で、締め付けと股関節周辺の運動のバランスなどを総合的に見直しながら、進化すると見られています。

64年の東京オリンピックでは、ウエスト部分に切り替えを採用するなどの改良が加えられ、フィット感は良好でした。ただ肩に力がかかるデザインで、胸に縫いつけた日の丸マークは、女性には一番抵抗がかかり、また前のスカートがヒラヒラすることも水の抵抗を増やす要因と考えられました。

現在は、水着素材がスピードに影響することが明らかになり、人間の皮膚より水の抵抗性が少ない素材が登場する時代になりました。ＦＩＮＡの２度にわたる規制で、女性用競泳水着は膝上までに制限されています。

腕の回転や股関節の動きを楽にするデザインで、水中での推進力を大きくすると同時に水の抵抗を減らし、選手の体型や動きに合わせたカッティング（機能的な継ぎ目と立体裁断）デザインなどの総合力により、記録の更新が続いていくことでしょう。

22 身体美と健康を増進させる下着

―服の神が登場―

歴史文化に興味を持つ人は、紀元前１５００年頃のクレタ文明でつくられたという細いウエストと丸い乳房を強調した土像を、写真で見たことがあるでしょう。それは、衣服によって美しく形づくられたものです。身体を締めつけることによる造形美です。時代が変わっても、人々は身体美づくりに努力をし続けています。そして、美しさだけでなく健康づくりにも関心を持つようになりました。

その関心事に応えるために、格好の素材として開発されたのがポリウレタン系合成繊維であるスパンデックスです。

この開発により、それまでは身体を締めつけてつくり上げられていた造形美が、あまり抵抗もなく目的が達せられるようになったのです。

スパンデックスは伸縮性がきわめて大きく、繊維自体がゴムのように5～7倍も伸びます。しかし、ゴムのようにすぐに戻るのではなく、ゆっくりとサポートするような戻り方をするのが特徴です。そのストレッチ性を武器に活用方法が工夫され、「福（服）の神」の役目を果たすようになったのです。このような特性を活かしてブラジャーやガードルなどのファンデーション（体型補正下着）をはじめ、パンティーストッキングや肌着、靴下など伸縮性を必要とするものに使われています。

スパンデックスは通常、ナイロン・ポリエステルなどの糸とさまざまな方法で主に編物にして使用しますが、ソフトに伸びやすくなったため、身体になじみやすくなりました。下着を着用するとき、素材は体表面で伸びますが、着用が済むと元に戻ろうとします。ところが体表から反力を受けて、バランスの良いところ

クレタの土像

体表弾性分布図

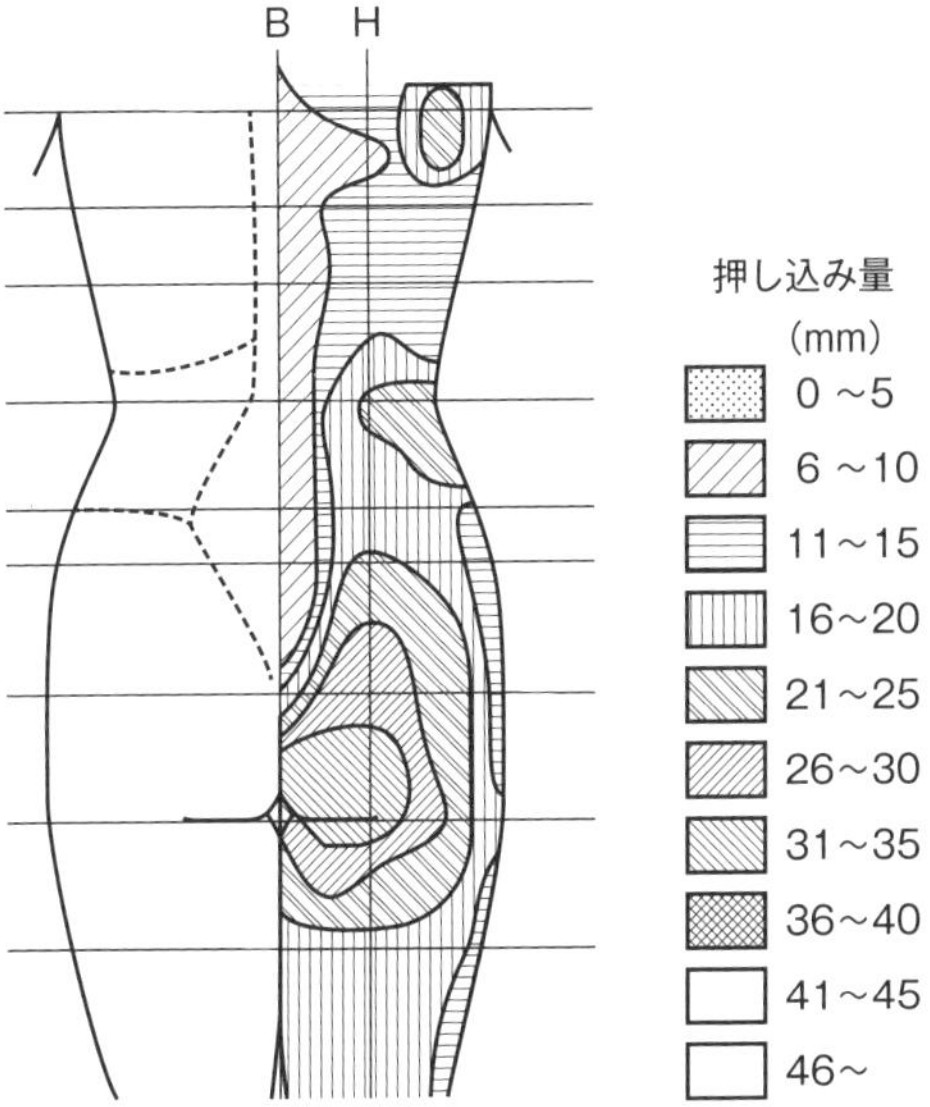

で止まります。衣服を設計する際はこの均衡する点を推測し、着心地が良いとされる中立点での体表面積に合わせ、パターンがつくられるのです。

誰でも年を重ねると体型は変化するため、若い頃のプロポーションに憧れを抱きます。こうした想いに応えるために制作される下着に必要な要素は、繊維素材と人間因子、審美観などです。体型は骨や筋肉、脂肪、内臓で構成されますが、衣服設計時に使用される基礎データとしては、主に体表弾性分布図や体表移動量などをもとに身体造形の可能性を探ります。指で体表を触ってみると、硬いところと柔らかい部分があり、部位による変化から推測するとヒップやウエストは移動させやすいことがわかります。

日本人は概して胴長で短脚の体型であり、身体を横から観察すると後方に突出している点、つまり最大ヒップ囲の位置が低い傾向にあります。最大ヒップ囲の位置が身長の50%以上にあると、日本人としてはスタイルが良い方に見えるのです。また、加齢とともに変化する部位は主に腹部で、沈着する脂肪で膨らみ、さらにウエストも太くなります。

ショートガードルでヒップアップ効果

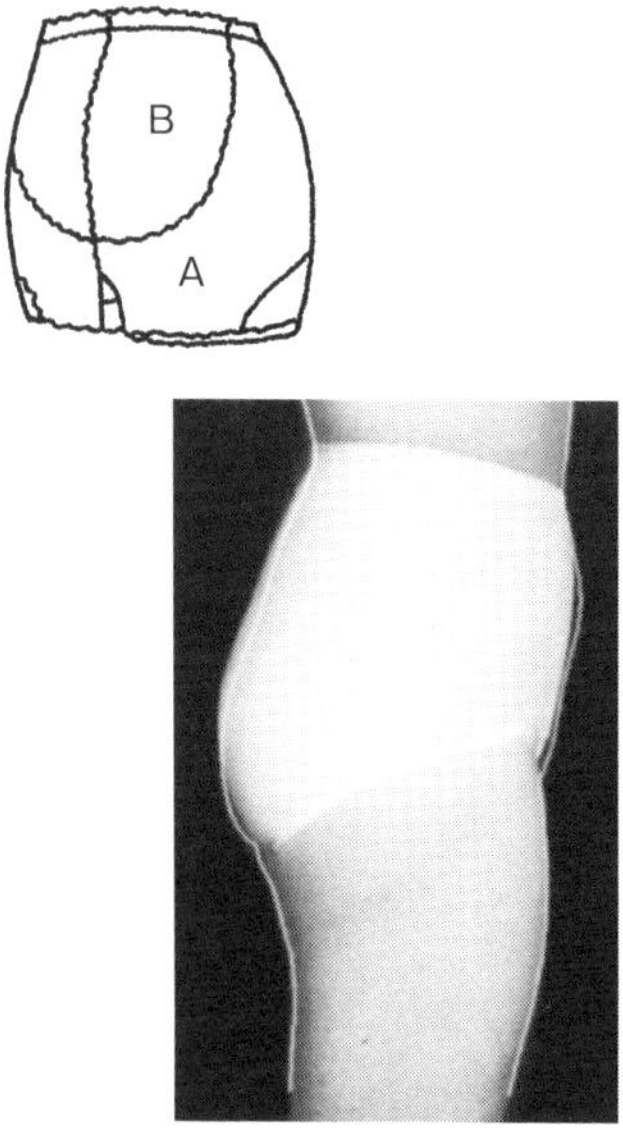

提供：ワコール

ロングガードルで腹部スッキリ

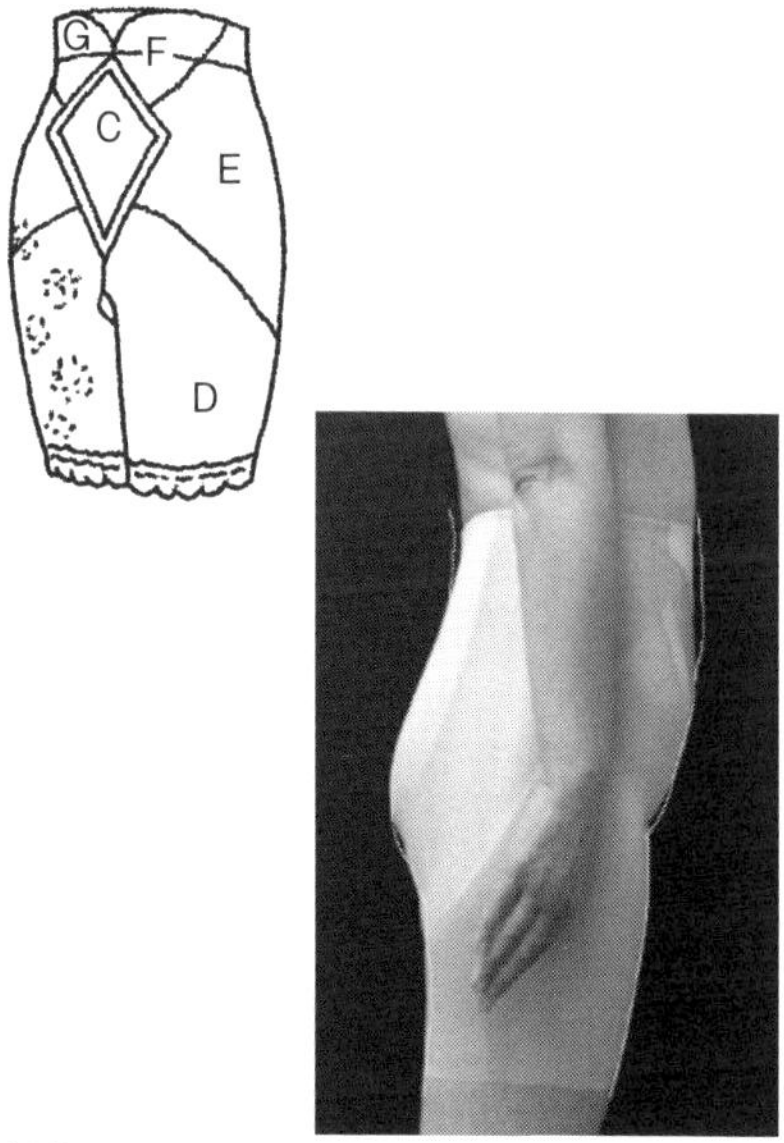

提供：ワコール

こうした点に着目して設計した製品例が、図および写真で紹介したショートガードルとロングガードルです。これらはいずれもスパンデックス素材でできています。

ショートガードルの場合、図のB部はスパンデックスを1枚しか使っていませんが、A部は二重にして縫い合わせています。二重に布地を使うと伸びる素材の場合、同じ力がかかっても抵抗力が増し、伸びる量が1枚のときより少なくなります。したがって、B部よりA部の方が体表に対して垂直方向に圧力がかかり、着用時に柔らかいヒップ部を押し上げる効果を生むのです。着用によってヒップ囲が高くなっていることが、写真からもわかります。

ロングガードルは、図のDEFで構成された菱形より小さめのパターンCを、二重のスパンデックスで縫い合わせていますが、着用によって腹部をソフトに抑えることが可能です。G部は、スパンデックスに幅広のウエストテープを縫いつけるような構成ですが、ウエスト部の柔らかい体表へ適度な圧力がかかることになり、ウエストを細くすることができます。

健康的な歩行を支援するパンツ

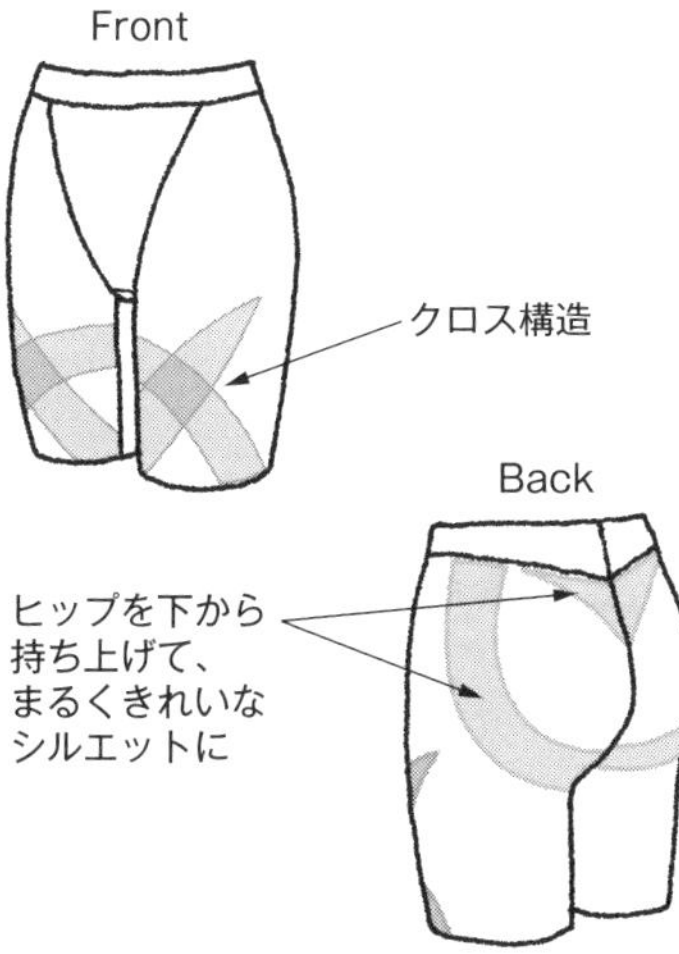

提供：ワコール「ヒップウォーカー」

次に、ポリウレタンを主にした伸びる繊維素材が健康の保持に寄与する例を紹介します。最近、世界的にメタボリックシンドローム対策が課題になっています。これに対し、運動や食事に関わる提言が多数なされていますが、ここではパンツの機能で目的を果たそうと試みた例を挙げます。

女性の場合、体型を維持している人は歩幅が広く、速度も速く、背筋を伸ばして胸を張った姿勢で歩いているとの研究結果があります。そこで下半身全体をサポートし、左右の大腿四頭筋部分の中ほどにテンションがかかるように、パワーの強い樹脂加工（クロス構造部分）を施し、軽い刺激を与えられるように設計したというのです。

こうすることで全体としてはソフトな履き心地ですが、太もも付近に抵抗感を感じ、これによって自然と歩幅が広くなり、健康的な歩行へと変化が期待できるようになりました。このパンツはヒップの上下や脇に緩やかな樹脂加工を施しており、ヒップを持ち上げる効果によりシルエットを美しくする役目を果たしています。

23 ランニング能力を高めるウェア

―股関節の伸展力をアシストし地面を強く蹴る―

近年、マラソン競技が盛んになり、誰でも参加できる競技として広く開催されるようになりました。ひとたび参加すると、前回よりも記録を向上させたいと思うのは人情です。しかし、市民ランナーは自分のフォームや体力などにさまざまな悩みを抱えています。そのような中、愛好家に「このウェアはランニング能力を高められます」と言えば、みんなが関心を持つことでしょう。

走る速度は1歩の大きさ（ストライド）と、1秒当たりの歩数（ピッチ）で決まります。走行中、身体が空中に浮いている間（空中期）で移動する距離を空中期移動距離、そして脚が地面に接している間（接地期）で移動する距離を、接地期移動距離と呼ぶことにすると、これらの和がストライドになります。

疲れてくると走る速度は低下しますが、それはストライドの低下が原因であることが考えられます。

主として股関節の伸展力が低下し、強く地面を押し出せなくなることが、空中期移動距離の低下やストライドの低下を招いているものと考えられるのです。つまり、走る速度を低下させないためには、股関節周りを強化し、地面をしっかり蹴ることができるようにすればよいことになります。

こうした点に注目して開発されたランニングウェアは、走行中に脚が前へ振り出されることで腰から膝にかけて設けたパワーラインが引き伸ばされ、その反発力が地面を蹴る力に再利用されています。また、膝を上下に覆ったパワーラインが着地の際に引き伸ばされることで、衝撃を吸収するという機能を発揮しています。

これらの機能は、ポリウレタンを用いた生地の伸び

腰から膝へのパワーライン

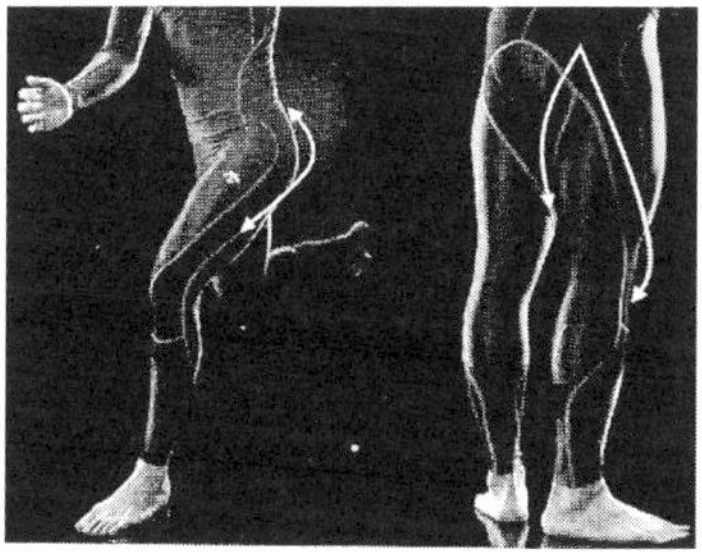

膝を覆ったパワーライン

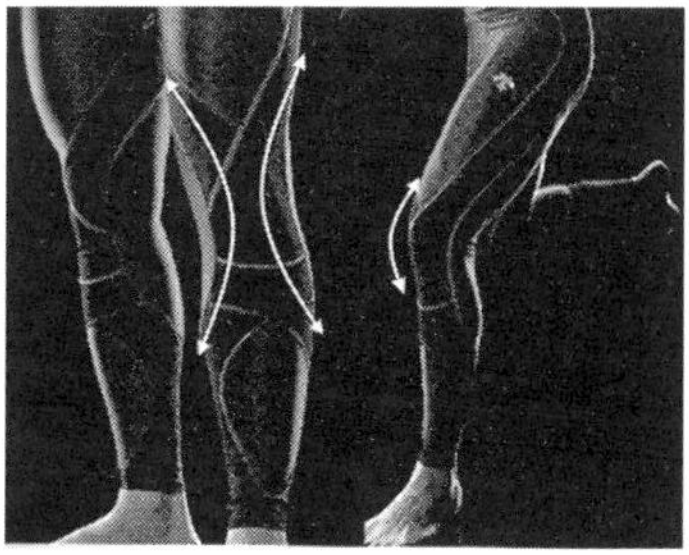

ストライド低下率の推移

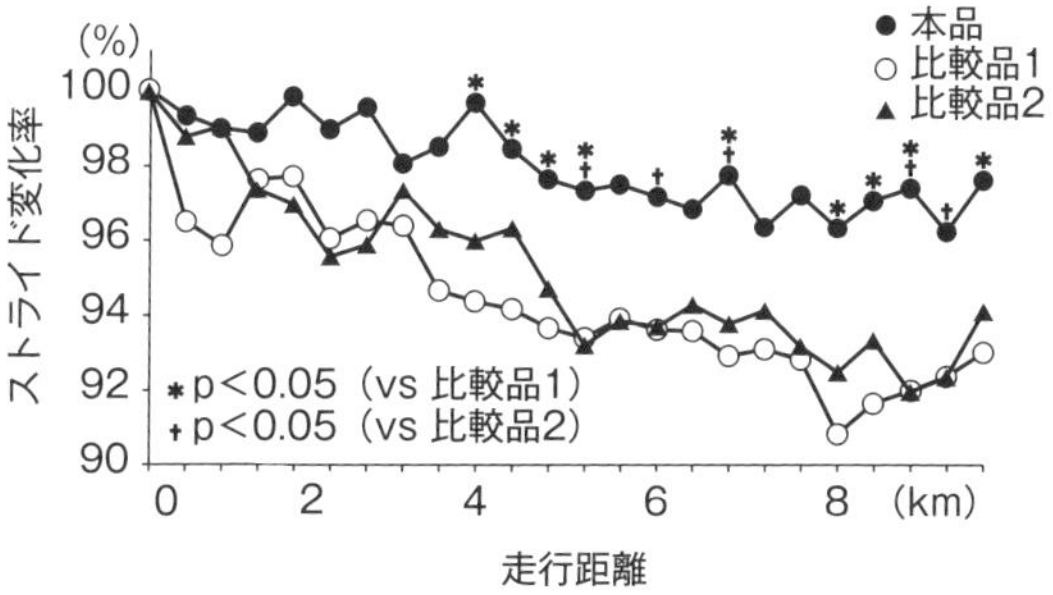

提供：デサント「GENOME」

縮み特性を活かして、パワーを発揮できるように配置したパターンを採用し、特殊な縫製技術を用いて製品に仕上げることで実現しています。この製品が理論通りに効果を発揮しているかどうかは、以下のような検証で確認しています。

　同製品と比較品2点を用意し、3組に分けた被験者に着用させ、10kmの距離を全力でランニングしてもらい、400mごとにストライドを計測します。疲労前後の変化率の推移は、走行距離が長くなるにつれて低下傾向にありますが、同製品の低下率は比較品2点に比べて抑えられています。

　また、空中期移動距離の変化率についても調査していますが、同製品の変化は比較品2点に比べて変化率が小さいことが証明されています。10km走行後も股関節の伸展力は低下せず、しっかりと地面を蹴ることができ、ストライドを保持できることがわかりました。このようにパワーラインに沿った伸び縮みの力により、運動パフォーマンスの向上が期待できるのです。

24 肌にやさしい衣服はこうしてつくられる
―接触性皮膚障害を予防する手立てとは―

繊維素材の衣服への貢献は、単に利便性やファッション性だけでなく、安全性も確保されて初めて満足できたと言えるものでしょう。

合成繊維が開発され始めた頃は、人々への皮膚障害が多発し、さまざまな問題を投げかけました。皮膚科医院を訪れた患者の患部を診察して、医師は即座に原因は衣服にあると診断しました。着用していたのはTシャツで、市松模様の黒の部分が、赤くなった皮膚と見事に一致していたのです。原因は染料にありました。

衣服用の繊維は染料だけでなく、いろいろな加工処理剤を使っています。したがって事前に、人体に害を及ぼさないかを確認しておく必要があったのです。

繊維が布地になるまでには、染色、加工処理（樹脂加工）、撥水、防虫など用途によって異なりますが、さまざまな工程を経なければなりません。これらの過程で問題が発生しないようにするため、抗菌防臭や抗かび、消臭、抗ウイルス、制菌、防汚に関して繊維評価技術協議会の認証制度があります。この制度で安全管理を行ってきたことも効果につながっています。

しかし、日々開発される新たな繊維には未知なものや複合された問題が内在しています。したがって、事前の安全性試験が必要なのです。

現在、このような衣料障害は減少してきていますが、これは皮膚科医の指導の下で日本産業皮膚衛生協会に加盟する企業が、新製品の事前試験を行っているからです。試験法は、１９５９年から皮膚障害の防止に研究を続けてきた実績のある河合法に基いて実施されています。

衣料の接触性皮膚障害には、臨床的に大別して分類すると次の２つになります。

皮膚障害の症状

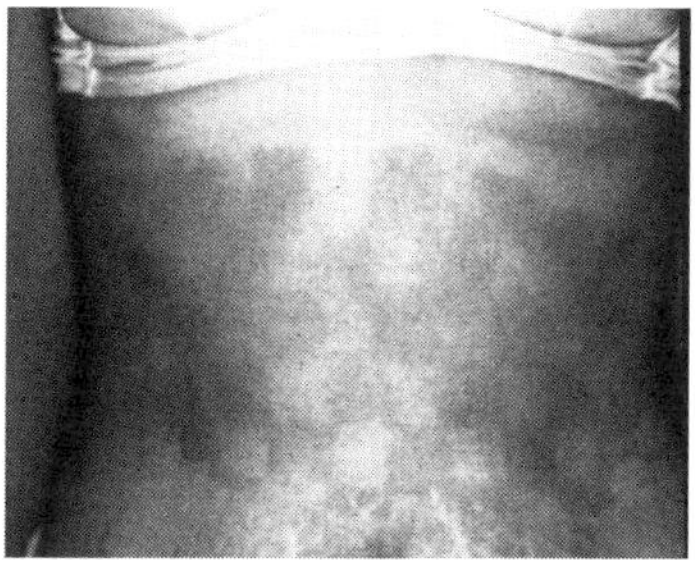

提供：河合産業皮膚医学研究所

原因のTシャツ

提供：河合産業皮膚医学研究所

試験片

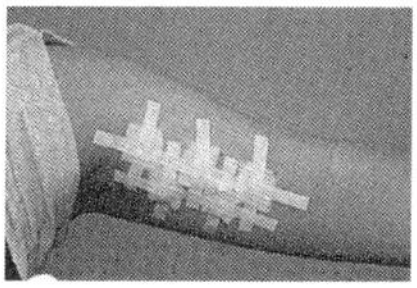

提供：河合産業皮膚医学研究所

レプリカ液のレプリカ板塗布

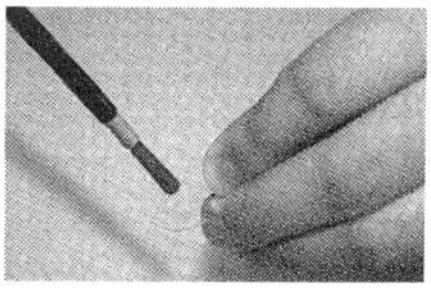

提供：河合産業皮膚医学研究所

レプリカ像採取

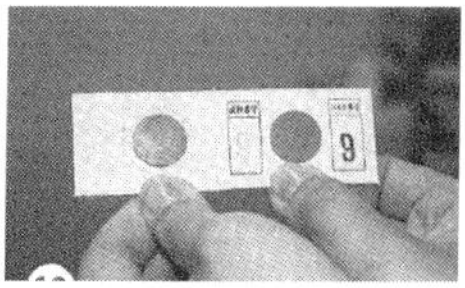

提供：河合産業皮膚医学研究所

河合法判定基準

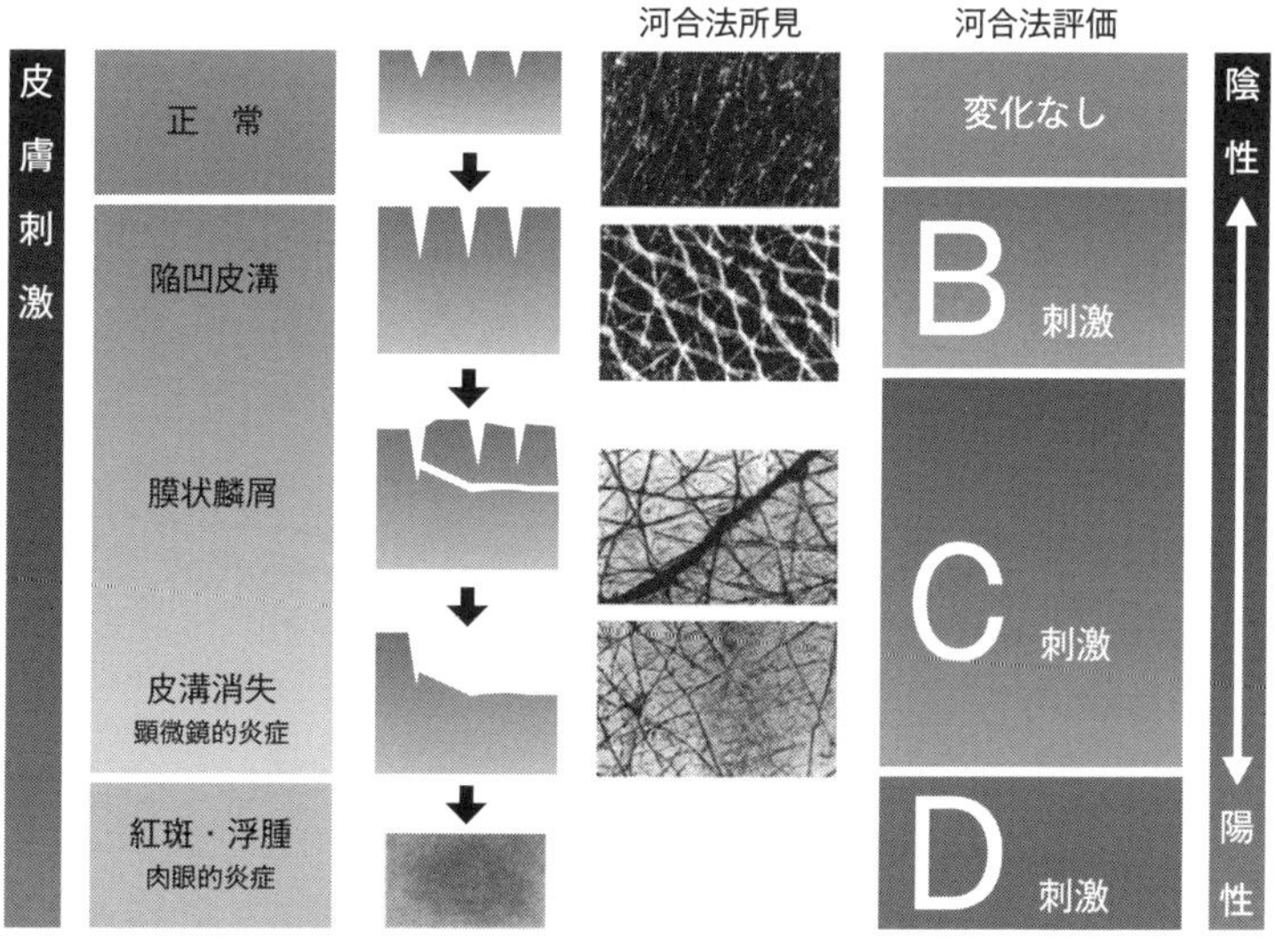

出所：日本産業皮膚衛生協会

①刺激性接触皮膚炎（物理刺激性接触皮膚炎／化学刺激接触皮膚炎）
②アレルギー性接触皮膚炎

これらに対する安全性試験法は主に次の通りです。
①河合法（予測貼付試験）
②閉鎖法皮膚貼付試験

1）診断的貼付試験（患者の皮膚アレルギーの原因物質の究明）

2）予知貼付試験（メーカーで市販前に行うテスト）

河合法は上腕に当該試験片を半開放状態で貼付し、24時間後に試験片を除去して、貼付した後を肉眼判定やレプリカを採取して顕微鏡判定を行います。判定基準は、試験結果と市販後のクレームとの関係を追跡調査して作成されたもので、その後も調査は継続して続けられています。その信頼度は高く、陰性や準陰性と判定した繊維、および繊維薬剤のクレーム発生率は非常に低くなっています。

肌着を着用したとき、後首筋や肩、袖付部などでチクチクした経験はありませんか。原因は、糸の種類やミシンの縫い目構造からくるゴロツキと思われます。つまり、前述した物理刺激性の軽微なものに当たります。この欠点をなくそうとして長年取り組んできた結果、無縫製で製品化できるようになりました。

肌着の袖まわりは、一般的に2枚の布を束ねるような形で縫い糸にくるまれ、そのゴロツキが気になることがあります。しかし無縫製の製品は縫い糸がなく、表も裏もフラットに仕上げているためゴロツキがありません。

無縫製は誰もが考える対策ですが、なぜなかなか世に出なかったのかと言うと、次のような問題があったからと考えられます。
①接着強度を高めるためには面積が必要で、接着面を広くするほど硬くなる
②接着剤によるアレルギー性障害を懸念
③立体曲面同士の接着は非常に難しく、袖付部の接着は特に高い技術力が必要
④接着できたとしても非常に時間がかかり、工業製品としては採算が良くない
⑤品質が安定しにくい

現在市販されている完全無縫製の肌着はこれらをクリアしています。縫糸の代わりに、安全性試験で陰性と判定された接着剤を用いて生地を接着しているため、肌にやさしい製品と言えます。さらに、ブランド名や洗濯絵表示のタグをなくして身生地に直接プリントするようになり、チクチクもしません。また、身生地は綿を主体にしてさまざまな先端繊維を交編し、肌に触れる面には綿を配して自然にフィットするため、皮膚への刺激にも配慮されています。このようにして開発された製品の評価は次の通りです。

①接着面の違和感についての問いに対し、主観申告5段階評価で6割余の人は「まったく感じない」、残りの人は「ほとんど感じない」と返答

②表面摩擦測定器を用い、縫い目部分の滑らかさに対する物性値を測定した結果、主観評価と相関関係があるとのデータを取得

袖下ミシン縫製

袖付無縫製

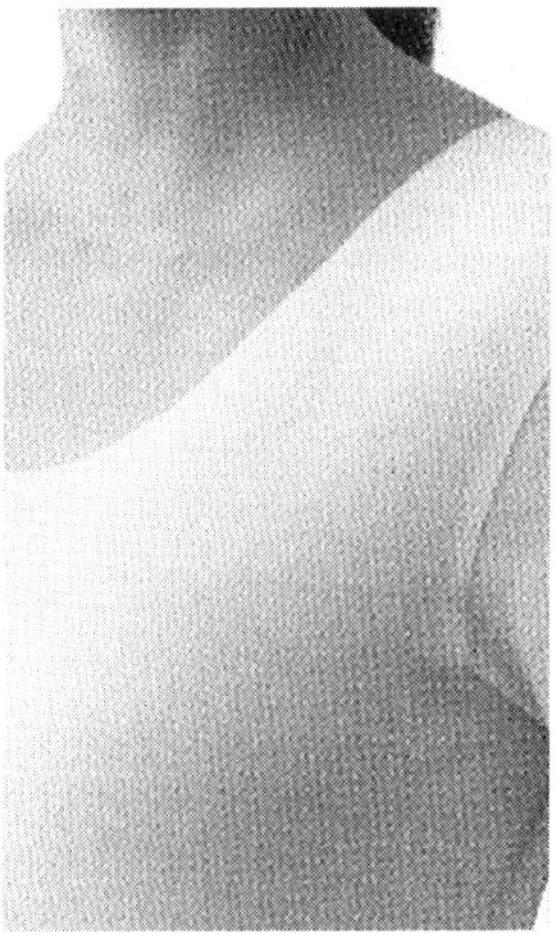

物理的低刺激性確認の結果

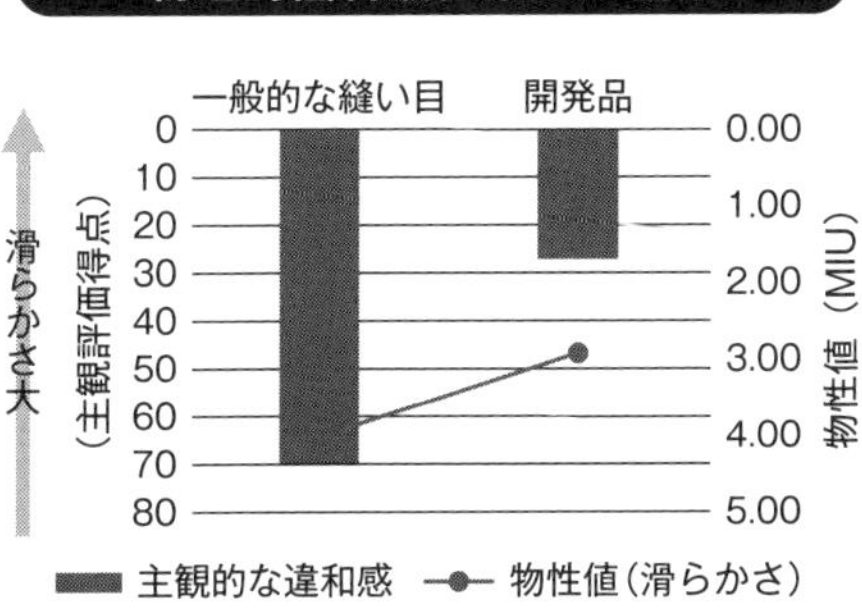

出所：グンゼ

Column

繊維量産工程での知られざる「スゴ技」

日頃使われる繊維技術の中に、意外な「スゴ技」が含まれているのをお気づきでしょうか。たとえば、合成繊維のフィラメント糸に撚りをかけて熱でセットし、それを解撚することで、撚り癖による細かい捲縮《けんしゅく》を付与する糸の嵩高加工技術があります。このとき、撚りを入れるために糸を回転させる速度は、糸の太さ75dT、加工速度1,200m/分の例で、およそ420万rpmにもなります。

このような超高速回転をする機構は、ほかにあるでしょうか。しかも、1台の加工機で同時に200本前後の糸を回転させ、各回転数のバラツキを数%に収めるという離れ業も同時に実現しています。

一方で軽量保温を目的に、断面が中空をしたパイプ状の繊維がつくられていますが、糸の太さ75dT、フィラメント数24本の例で、1本の繊維当たり、外径が約20μm、内径が約11μmのパイプ状になります。このような超極細パイプが、ほかにあるでしょうか。

また、繊維径がナノメートルレベルの超極細繊維が最近できるようになりましたが、繊維径が100nmともなると、約4gの量で、その長さは月にまで到達します。しかも、4g程度は1秒以下の瞬時に生産されます。

日頃は、こうしたスゴ技を意識しないまま品質や効率ばかりに注目してきましたが、先人たちのスゴ技には改めて感心させられます。

第3章

社会に役立つ繊維の不思議

25 電気を流す繊維
―技術の進化・多様化で用途が拡大中―

電気を流す繊維というと、まず金属繊維を思い浮かべます。最近はその製法や種類、使い方が急速に進歩し、それに伴って需要が拡大しつつあります。

また、金属以外にも電気を流す材料が増えており、その素材も多様化しています。具体的には、従来の金属繊維はまず金属を鋳造圧延して線材をつくり、それを何本か束ねて別の金属で包み込み、それをダイスの穴に何回も通して細く引き伸ばすなどして主につくられてきました。しかし最近は、金属を熔融して合成繊維のように細く紡糸したり、金属イオンを還元して細いワイヤー状に形成したり、金属をフィルムに蒸着後エッチングするなどの新しい製法が開発され、従来できなかった極細のものができるようになってきています。

従来法にしても技術が進歩し、最近では衣料用の繊維並みに細くできるようになっています。上記の最新製法によると、ナノメートルと呼ばれるような目に見えないほどの細さにできるようになっています。

一方、利用できる金属の種類も金や銀、銅、鉄、黄銅、鉛、ステンレス、ニッケル、アルミニウム、チタン、タングステン、その他と広がってきています。さらに金属の使い方も、上記のように100％で使う以外に一般の繊維に混ぜたり、めっきやコーティングをしたり、ポリマーに練り込んだりなど内容もかなり多様化しています。

たとえば、ステンレス繊維の線径を絹並みの8～12㎛まで細くした繊維を使用した糸は、衣料用の糸と同じように織物や編み物にすることができます。また、この短繊維を使ってウェブやフェルトにすることで、柔軟なシート状ヒーターや電磁波シールド材、電極材などにも利用されます。このほか一般の繊維と混ぜて

一般繊維と同線径のステンレス繊維

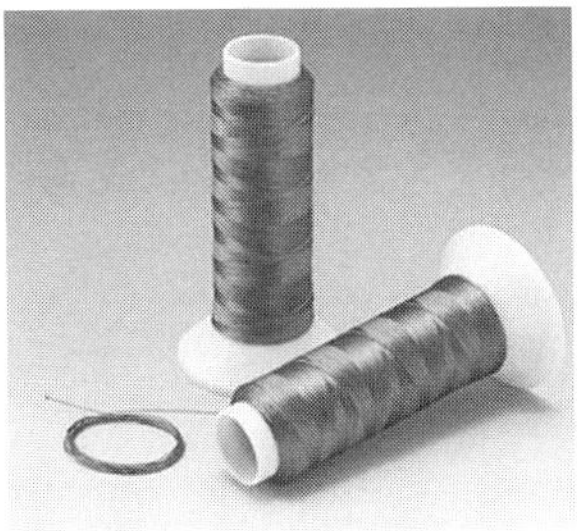
糸条

織物

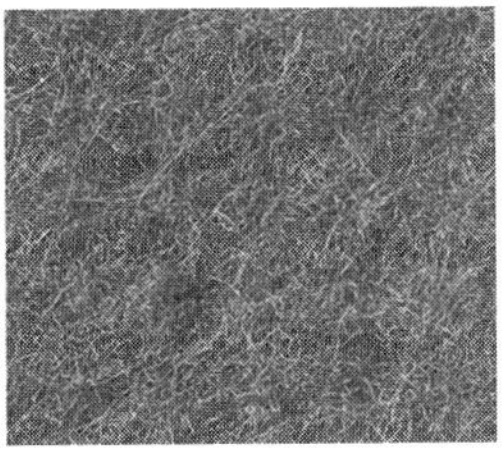
ウェブ

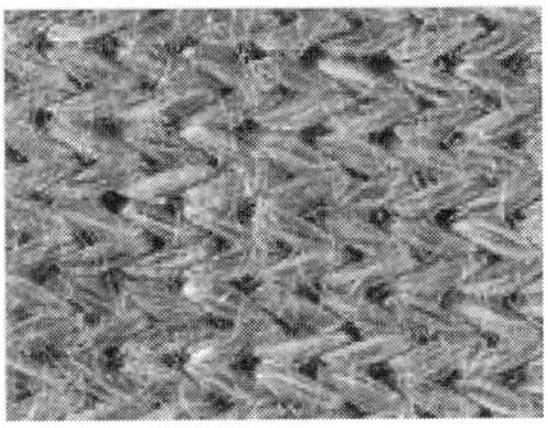
アラミド繊維混紡糸使い編物

提供：日本精線製

使用すると、糸の摩擦が減って取扱性がさらに向上し、ミシン糸などとしても使用できます。

一方、ステンレス繊維とパラ系アラミド繊維を混紡した発熱繊維糸条がソフテレック社により開発されていますが、従来のニクロム線に比べて耐屈曲性や柔軟性、強靭性、耐久性、発熱効果、取扱性などが大幅に向上して多様な使い方ができます。たとえばロードヒーターとして、寒冷地の橋梁や車道、歩道、駐車場、屋根、階段などの融雪あるいは凍結防止用ヒーターとして、すでに高い使用実績があります。

ところで、これらの金属繊維をはじめとする電気を流す繊維は、上記の用途以外にも最近急速に台頭しつつあるウェアラブル製品への適用が進んでいます。たとえば肌の微弱な電流を感知して体調管理をしたり、身体の動きを電気信号に変換したりする衣服の電気配線、電極、センサーなどとして、重要な素材になりつつあります（5項を参照）。

また、最近開発された新製法によると、金属繊維を可視光線の波長より短いナノレベルにまで細くすることができ、光のほとんどが反射や屈折することなく透過するため、目に見えないようなものもできます。そのため、それを利用して透明で導電性のあるフィルムやガラス、樹脂、さらにはそれに加工を加えたディスプレイや太陽電池などが開発され、商品化されつつあります。（41項を参照）

さらに一般の繊維に金属めっきを施した繊維も、最近は繊維と金属の密着性が改善され、摩擦や屈曲などに対する耐久性が大幅に改善されています。そのため、純金属繊維対比、電気抵抗は高くなりますが、軽量性や風合、取扱性などが向上し、電磁波シールド用布帛をはじめ用途が拡大しています。

一方、金属繊維以外にも、カーボンブラックや金属、金属酸化物などの粉体を練り込んだポリマーによる繊維や複合繊維、導電性高分子による繊維など電気を流す繊維が開発されています。ただこれらの繊維はその特性上、いずれも電気抵抗が10^4～10^6Ω・㎝と高くなりやすく、それを活かした過電流を抑制する必要のあるような用途で、たとえば帯電体の除電や清掃をするブラシ、絶縁物の帯電を防ぐ制電素材などに使われています。

また最近は金属繊維以外でも、金属繊維と同じように電気をよく通す繊維が出てきました。たとえば、カーボンナノチューブは金属のナノファイバーと同等の導電性を有していて透明導電フィルムに使われたり、金属より高い熱伝導率も有しているため、ヒーター用の材料などに利用されたりしています。

つい最近も、直径が2～5㎚、長さが40～50㎚の角の形をしたカーボンナノホーンを繊維状に集合させたカーボンナノブラシなるものが、ＮＥＣによって世界で初めてつくり出されました。大量生産が可能な上に、従来のカーボンナノチューブなどよりも樹脂などに混ぜやすく、かつ従来の素材によるデバイスの基本性能を向上できるほどの高性能を有している模様で、急速に注目を集めています。

一口メモ

従来のニクロム線は数回の屈曲で断線しますが、ここに出てくるマイクロメートル・ナノメートル級の極細金属繊維は数百あるいは数千回の屈曲に耐えることができます。

ロードヒーターを埋設した融雪・凍結防止橋梁車道

ステンレス繊維/アラミド繊維混紡糸条

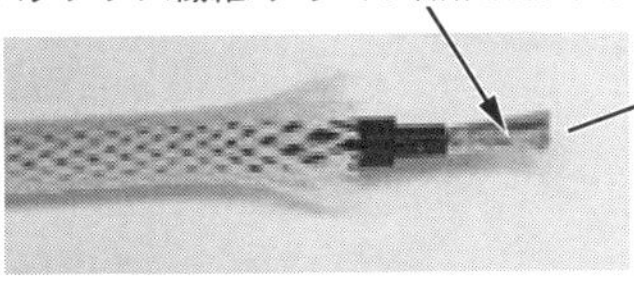

ステンレス繊維/アラミド繊維混紡糸条を使ったロードヒーター

提供：ソフテレック

銀めっき繊維

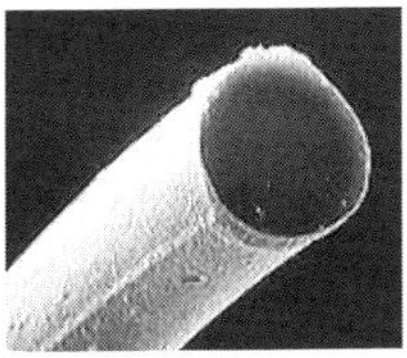

めっき金属と繊維の結合を強化し、耐剝離性を改善

提供：ミツフジ

導電繊維使用除電ブラシ

繊維にカーボン粉末を高濃度に添加したもので電気線拡大。過大電流を防ぎ制電・除電に適している

提供：東英産業

透明フィルム上にカーボンナノチューブを製膜した透明導電フィルム

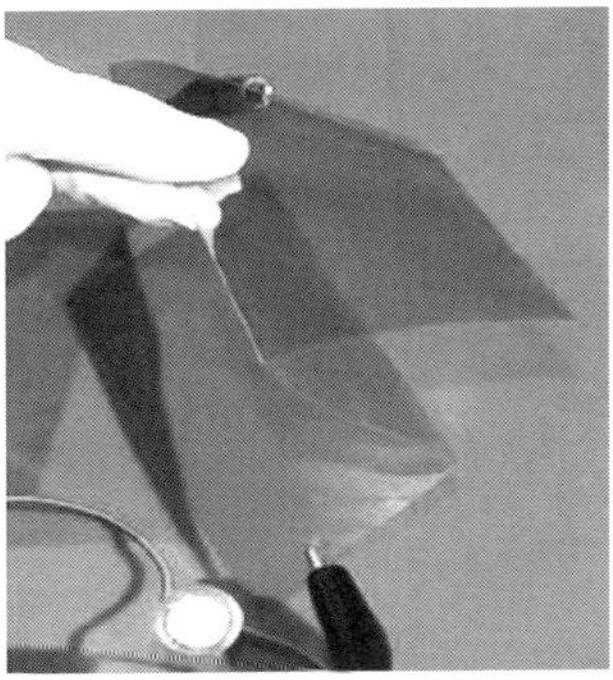

提供：国立研究開発法人産業技術総合研究所

カーボンナノチューブは光を透過し、金属並みの導電性を有す

26 地面の下の力持ち
―下水管の修復に貢献する繊維―

私たちは日常生活において、上水道には関心が強くても、下水道には関心が少ないものです。しかし現代では、集中豪雨や地震などの災害により下水道に問題が起これば、すぐさま生活に支障をきたします。

現在、日本全国には都市部を中心に下水道が43万km敷設されています。新しく住宅団地が開発される場合、下水道には硬質塩化ビニル製の下水管が使われています。

1960年代の高度経済成長の時代に、下水道は急ピッチで整備されました。しかし、この数十年の間に地上の様子は一変し、道路を開削して敷設替えをすることがきわめて難しくなり、非開削で下水管を補修する技術の開発が進みました。

現在行われている管更生技術は、老朽化した下水管の内部にプラスチック管を形成して寿命を延ばすものです。この技術は70年代に英国で開発され、2000年頃から日本でも普及が始まりました。下水管の寿命は45年と言われていますが、最近10年間の更生工事の総延長距離は年間約500kmに過ぎず、老朽化が進行しているのが現状です。

家庭排水は、取付管と呼ばれる小口径管を通って下水道の本管に流れ込みますが、本管の内径は200～400㎜が全体の80％程度を占めています。管を修復するにはまず管内を高圧水で洗浄し、その後テレビカメラを挿入して内部を詳しく調査します。下水管の強度がないと判断された場合は自立管仕様とし、まだ強度があると判断された場合は複合管仕様で材料が設計されます。材料の厚みは下水管の内径、地上からの深さによって決まります。

内径が800㎜程度までの管には、ポリエステル繊維

反転工法

管の内径と材料の柔軟性によって水圧を調整する
出口にはストッパーを置いて先端の到達を確認する

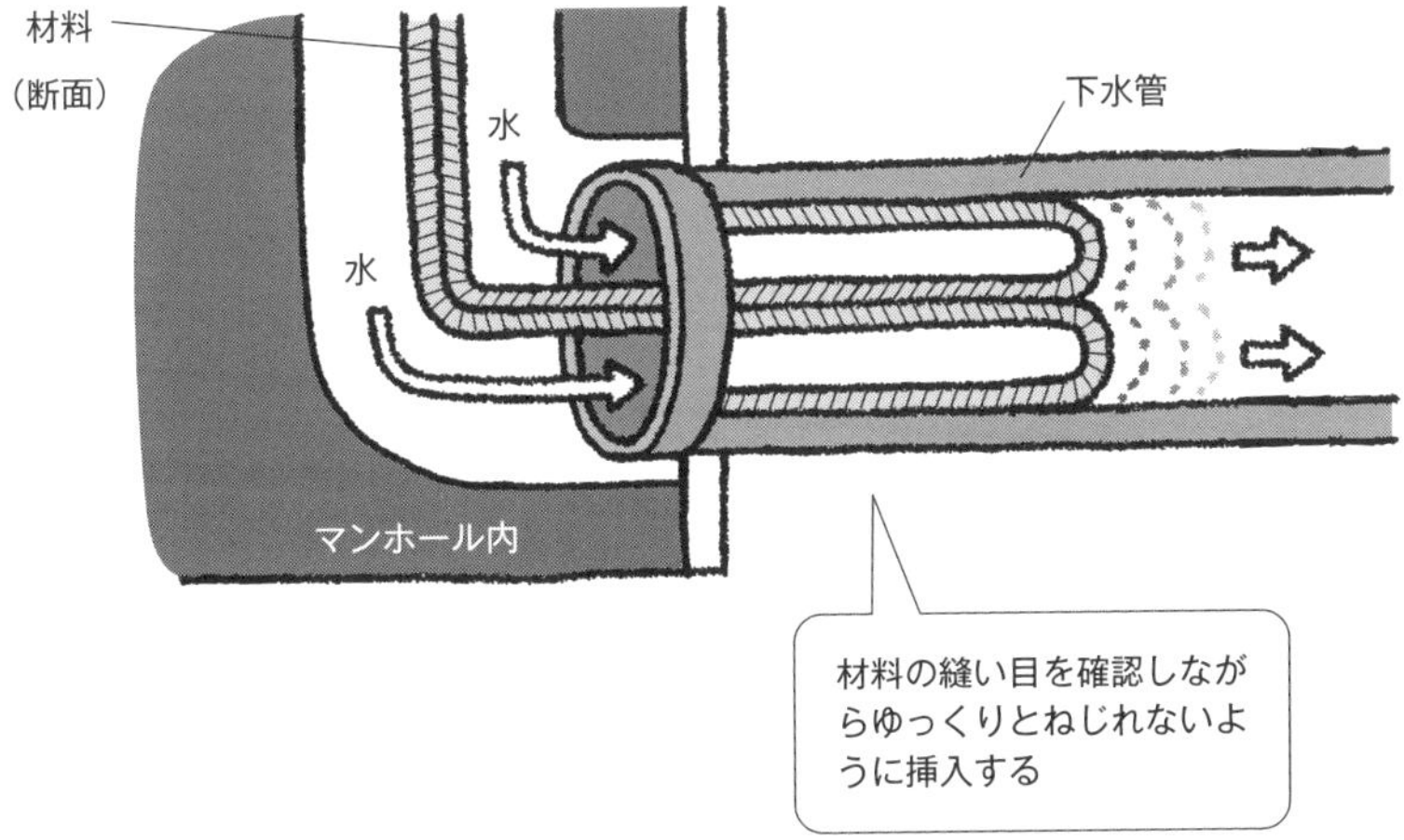

反転工法の工事現場

あらかじめ工場で準備した材料を地上から送り込んでいる
材料は幅広に畳まれてゆっくりと入っていく

の不織布が使われています。不織布は筒状に縫製され、熱硬化性樹脂を含浸させて施工現場まで運び、材料はマンホール内の管口に被せて固定した後、水または空気の圧力で反転させながら押し込んでいきます。この工法は反転工法と呼ばれます。反転工法には、柔軟性と伸縮性のある不織布が利用されます。不織布には樹脂の含浸性と保持性も必要です。そのため、不織布の密度は樹脂の粘度に合わせて最適な条件が選ばれます。

材料が目的の場所に到達した後、水はボイラー車で熱水に置換されて樹脂は硬化します。水の代わりに水蒸気を使って硬化させることもできますが、その場合は空気圧で反転挿入することが必要になります。

含浸する樹脂には主に不飽和ポリエステルが使われていますが、温泉地などでは酸・アルカリ性の地下水が流れることもあるため、これに耐えられるビニルエステル樹脂などが使用されます。

95年の阪神淡路大震災以降は下水管に耐震性が要求されるようになり、現在ではポリエステル繊維に代わって特殊なガラス繊維が利用される傾向が強くなっています。一般にガラス繊維は酸に弱いため、管更生材料には耐酸性のガラス繊維が使われます。

従来のポリエステル繊維不織布の場合は、管の強度はプラスチック管の厚みだけに依存します。しかし、ガラス繊維の場合は繊維自身の物性に依存します。ガラス繊維はその物性を活かすため、長繊維の織物が使われますが、繊維が剛直なために反転工法は使えず、形成工法が使われます。この工法では、材料はウインチで管の中に引き込まれた後、拡張して管に密着させます。

ガラス繊維を使うことでプラスチック管の厚さを薄くすることが可能になり、いずれの材料も下水管の流下能力を損なうことなく修復できます。下水管に利用されるガラス繊維材料は、今後もさらに進化しながら需要が増えていくことでしょう。

一口メモ

自立管仕様とは、既設管自体の強度がほとんどない場合に、新管と同等の機能を持たせるように材料を設計したものです。一方、複合管仕様とは既設管の強度がまだ残っている場合に、あらかじめ耐用年数を決めて管の強度を設定し、材料の仕様を決めます。

形成工法の工事現場

形成工法では挿入は簡単。反対側では電動のウィンチがあり、
材料を引きずり込む。材料の幅は管の内径に比例する

更生材料の物理的特性

基材区分		ポリエステル不織布	ガラス繊維複合材料
樹脂		ビニルエステル樹脂	ビニルエステル樹脂
曲げ強度	N/mm²	40	150
曲げ弾性係数	N/mm²	2,800	8,000

出所：SD ライナー工法協会パンフレット

更生工事実施後の様子

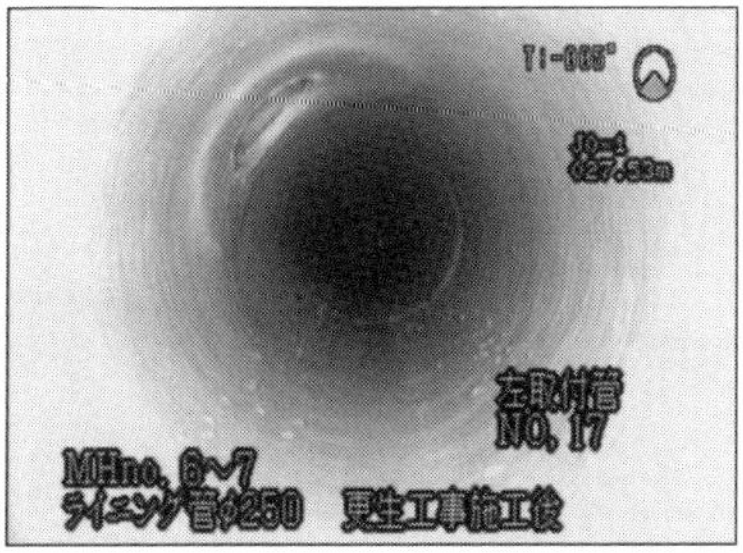

管更正後の管内の仕上り状泡
左上に取付管の穴が見える

27 太陽光を受けて発電する織物
—衣服やテントで発電できる—

直径1・2㎜の球状の太陽電池素子を数珠状につないで糸状にし、かつそれを織物にした太陽光発電織物が産官学連携による研究チームの手で2012年11月に、世界で初めて開発されました。ここに使われた3次元受光タイプの球状太陽電池素子も、日本の企業によって04年に、世界初で開発されたものです。

この球状太陽電池素子は、シリコンの球状結晶を芯として電極を取り付けたもので、光が当たると電気を発生します。発電量は光の吸収量に比例し、形が球状のため平面状のものに比べるとより広範囲から光を吸収でき、2~3倍も多く発電できます。また直径が1・2㎜と小さいため、直列・並列の組合せによって透過型や曲面対応の多様なモジュール設計が可能になります。このため、すでに建材用途で実用化されているほか、いろいろな用途への応用が検討されています。

今回、繊維の産地として知られる福井県の工業技術センターが中心となり、球状太陽電池素子を開発したスフェラーパワー社と福井大学、織物の松文産業、繊維加工のウラセなど産官学による研究グループが結成されました。こうして繊維産地の技術力を結集し、球状太陽電池素子を織物に取り込んだ太陽光発電織物の開発に挑戦し、見事に成功させたものです。

織物にするためには、まず球状太陽電池素子を糸状にする必要があり、それに適したガラス繊維に線径60㎛の金属繊維を巻きつけた導電糸を開発しました。それと同時に、この導電糸を2本平行に並べて、その間に球状太陽電池素子を数珠状に装着する技術を開発し、糸状の発電糸を開発することに成功しました。

次いで、これを織物に製織する必要がありましたが、糸状とはいえ普通の糸と同じように扱うわけにはいき

球状太陽電池素子を織り込んだ発電織物

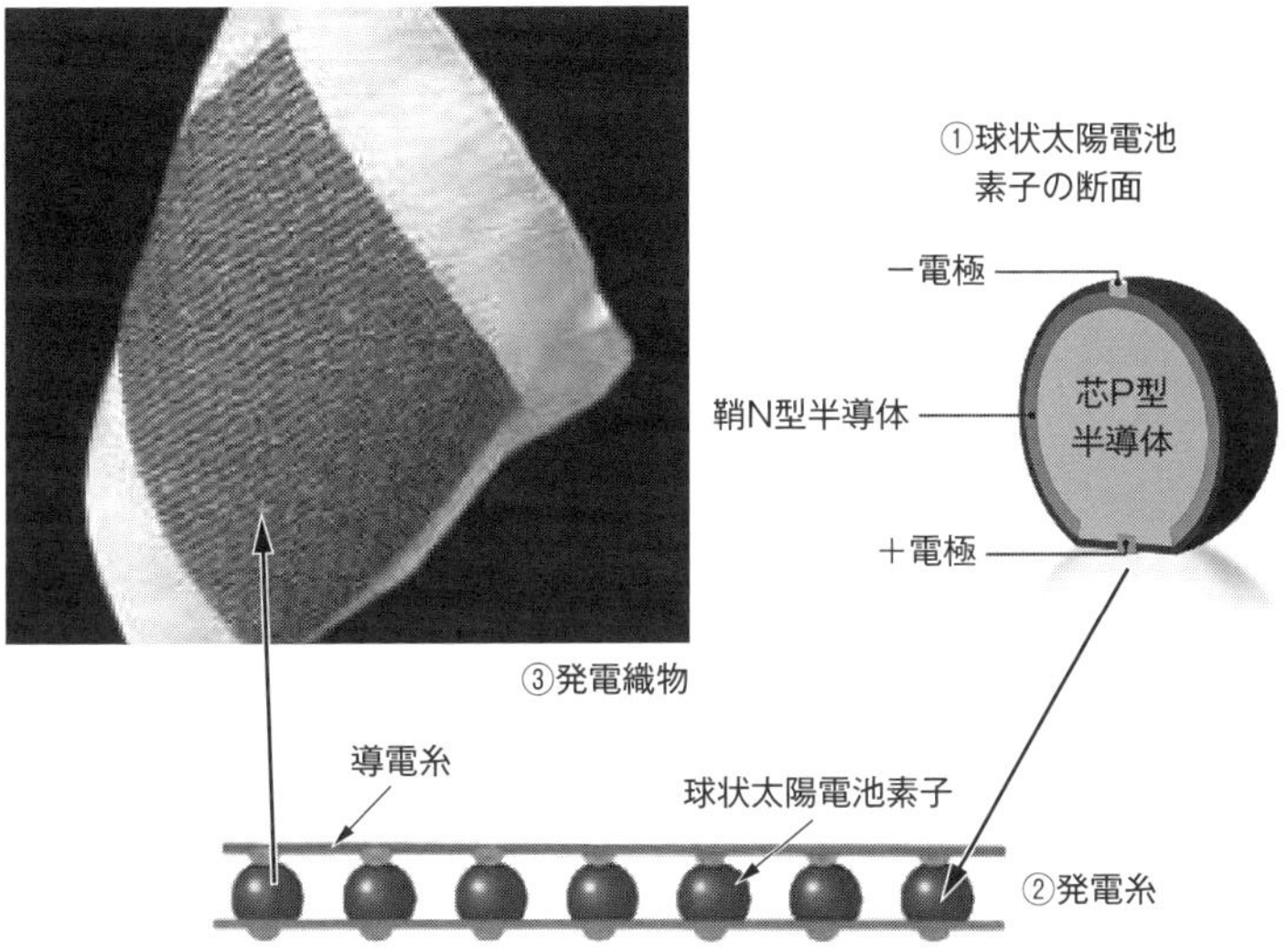

出所：スフェラーパワー社

太陽電池素子の形状の違いによる受光効率の違い

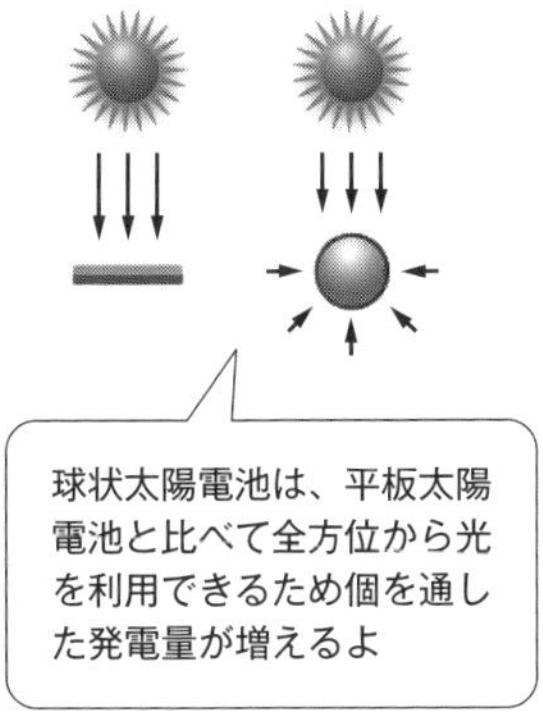

1日を通した出力比較

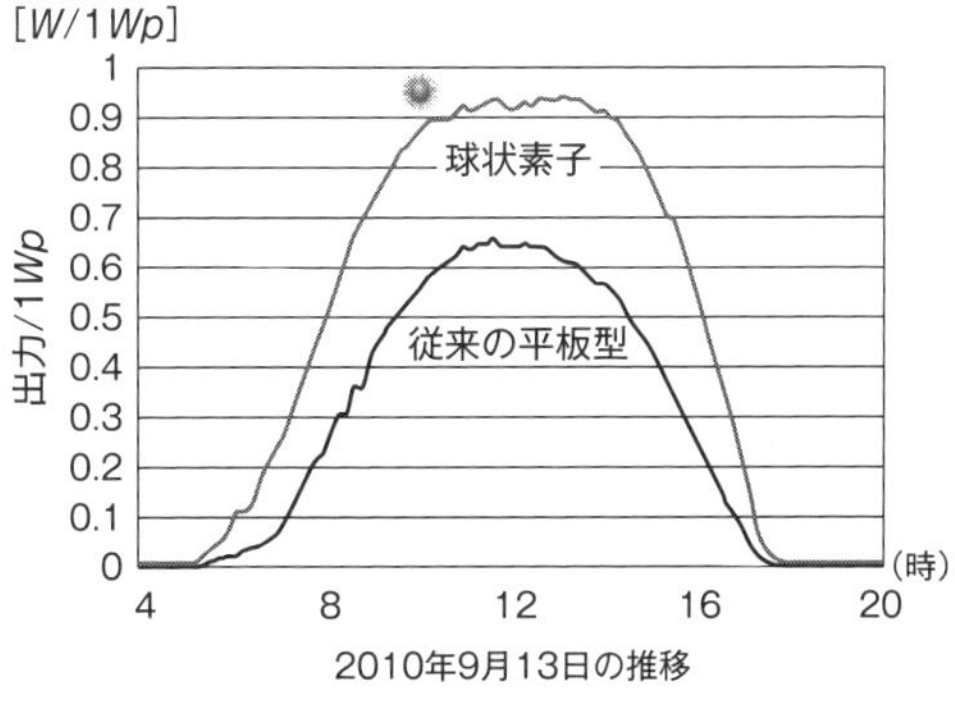

出所：スフェラーパワー社

ませんでした。そこで織機をいろいろ改造し、織物のヨコ糸として打ち込む技術を新たに開発することで、ついに世界で初めて「発電織物」に仕上げることに成功しました。

この発電織物は厚さ1・4㎜と薄く、柔軟性や通気性を持つほか軽量で、ある程度の伸縮性も有すなど、従来の太陽光発電素材にはない特徴があります。たとえば、災害時のテントでの非常用電源や電源付きのアウトドア用品、あるいは帆布、幌、オーニング（日よけ）、エアシェルター（空気膜を利用した仮設倉庫など）での発電など、新規用途や商品への展開が期待されています。

一方、芯鞘複合繊維状の太陽光発電繊維が16年3月に、インテリアファブリックメーカーの住江織物、東京工業大学、信州大学などによるNEDOのプロジェクトチームによって開発され、注目されています。この太陽光発電繊維は芯鞘多層構造の複合繊維の形態をしており、芯部と鞘外層部を電極とし、その中間層に当たる鞘内層部に有機薄膜半導体が配置されています。有機薄膜半導体の素材は、従来の太陽電池のメイン素材であるシリコン半導体に比べて発電効率や寿命などが劣るとされている反面、構造や製造法が簡単で低コスト化に優れている特徴があると言われており、今後の改良による進展が大いに期待されています。

また、芯鞘多層構造の形成には従来の繊維技術が巧みに応用され、太陽光発電繊維にとどまらず、先に紹介した球状太陽電池素子を使用した太陽光発電織物と同様に、太陽光発電織物にまで仕上げられています。

この太陽光発電織物の発電量は、まだ150μW／10㎠と微弱ですが、室内環境や生体情報の測定に使われるセンサーの自立型電源としての活用が見込まれているほか、スマートテキスタイルとして、衣料やインテリアなどへの発展が期待されています。

一口メモ

織維を利用した太陽光発電素材としては、このほかにセルロースナノファイバーと銀ナノワイヤーからなる透明導電紙を利用した太陽光発電紙があります。繊維はこの分野でも活躍しています（41項を参照）。

太陽光発電繊維の構造

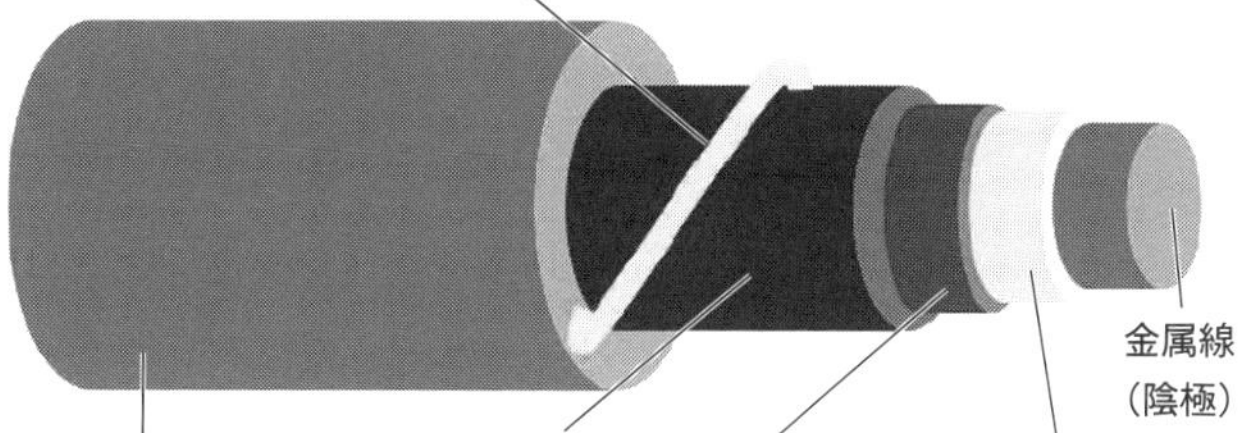

この太陽発電繊維は布帛にされて、室内環境や生体情報を検出する各称センサーの自立型電源として活用が期待されている

出所：NEDOグリーンセンサ・ネットワークシステム技術開発プロジェクト
（東京工業大学、信州大学、住江織物で開発）

28

繊維で荒廃地を緑化
―筒編地に土を入れて荒廃地に並べ、砂の飛散を防ぐ―

気候変動による高温化や旱魃《かんばつ》の影響により、中国、インド、中近東、アフリカなどでは、砂漠地帯の拡大や居住地、農耕地への砂漠の浸食が進み、深刻な問題となっています。そうした中、植物の育ちにくい砂漠地帯や荒廃地を効果的に緑化する方法が、繊維の持つ機能を上手に活かした日本の技術で開発されています。

これは、細い糸を使って直径約10㎝、長さ数十ｍにわたる細長い筒状の編地をつくり、その中に土（培養土）を入れて地面に井桁状に敷き詰め、種を蒔くという方法です。これによって、風による砂の飛散が抑えられるとともに筒状の部分の保水力が高いため、少ない降雨でも効果的に植物を育てることができます。

なお、培養土に自重の数百倍もの水を保水し、乾燥時には徐々に放湿するような高吸水性ポリマー粒子（紙おむつの吸収体として使われているもの）を混ぜ、保水性を上げることも可能です。

こうした細長い筒状の編地をつくる方法は、繊維メーカーの東レと編物メーカーのミツカワ（福井県越前市）が開発しました。東レが生産する植物由来（原料が飼料用トウモロコシでんぷん）の合成繊維であるポリ乳酸繊維からなる細い糸が使われており、ミツカワで筒状に編み上げたものです。筒編地は織物よりも伸び縮みしやすく、細い糸を使うことで土を入れたときに土が外にこぼれない程度に編目が開き、通気性を確保できます。さらに、植物が編目を広げて芽を出し、根を生やすことが可能になります。

ところで、ポリ乳酸繊維は原料として石油資源を使わず、植物が空気中の炭酸ガスを使って合成した澱粉を原料としています。また土中の微生物によって徐々に分解され、数年で植物が育って緑化すると、不要と

荒廃地の緑化改善の例

提供：東レ

2013年12月　　2014年3月

南アフリカ・ヨハネスブルグ近郊の小学校跡地に
土の入った筒編を井桁状に地面に敷き詰めた

なった繊維は最終的に炭酸ガスと水になってなくなるという、地球環境にやさしい素材です。

中国では１９７０年代より、流動砂漠による都市被害などの観点から、砂漠砂移動防止や緑化の研究を実施し、現在はこの筒編地に培養土を入れて井桁状に敷き詰める方法の実証実験を始めています。さらに、南アフリカ・ヨハネスブルグ近郊の荒廃地化した小学校跡地、１２００㎡の土地にこれを敷き詰めて実験したところ、青々としたピーマンやトウモロコシが実ったという例もあります。なお、水の貴重な砂漠地帯でこの方法を適用する際、筒編地に使う繊維として自重の数十倍もの水を抱え込み、徐々に水を放出する特殊な高吸水性繊維を使うことも効果的です。

一口メモ

砂漠化は地球温暖化による降水量の減少、森林の伐採による過剰な土壌浸食などが主因で進んでいます。地球温暖化白書によると、1年で四国と九州を合わせたほどの面積が砂漠化し、これを食い止めることは急務です。

29 コンクリートのひび割れを自己修復する補強繊維
—維持管理や補修作業も楽々—

コンクリートにひび割れが生じても、それを自らふさいで雨水などによる侵食を防ぐ新発想のコンクリート用強化繊維が開発され、注目されています。

コンクリートは、施工後長年経つとひび割れが発生しやすくなります。その原因は材料の不備や設計・施工の不備、環境変化の影響など多岐にわたり、防止するのはなかなか難しそうです。しかし一度ひび割れが発生すると、外観を損なうだけでなく、雨水やカビなどによりコンクリート内部の鉄筋やコンクリート自身も劣化・崩壊するという危険にもつながります。

そこで、従来からコンクリートの組成を改良したり、繊維を混ぜ込んで補強したり、いろいろと対応が図られてきました。そこへ最近、単なるコンクリートの補強ではなく、ひび割れが生じても自らふさいで治癒するという、従来にない補強繊維が開発されました。

この繊維はダイワボウと東北大学により共同で開発され、ポリプロピレン繊維の断面形状を十字形にしてコンクリートとの接触面積を広くし、かつ繊維表面にカルボキシル基や水酸基などの極性基を付与したものです。こうすることで、コンクリート内のカルシウムイオンが繊維周辺に効率的に誘導され、炭酸カルシウムとなって白く析出します。これによりひび割れが発生しても、自ら埋めてふさぐよう工夫されています。なおこの自己治癒機能は、繊維のみならずコンクリートの方でも機能を高める工夫がいろいろ施されているようです。

このような機能を有したコンクリートを使用すると、補修管理の手間が省けて耐用年数が増すほか、火災時に発生する水蒸気爆発を防ぐ効果を認められ、今後の技術進展や需要拡大が大いに期待されています。

コンクリートひび割れ発生原因

要因	項目	主な原因
材料	セメント	異常凝結、水和熱、異常膨張
	骨材	反応性骨材、低品質、泥分
	コンクリート	コンクリート中の塩化物、コンクリートの沈下・ブリーディング、乾燥収縮、自己収縮
施工	練混ぜ、運搬、打ち込み、締め固め、養生、打ち継ぎ	混和材料の不均一な分散、長時間の練り混ぜ、不適当な打ち込み順序、急速な打ち込み、不適当な締め固め、硬化前の振動や載荷、初期養生中の急激な乾燥、初期凍害、不適当な打ち継ぎ処理
	鉄筋工	鋼材の乱れ、かぶり（厚さ）の不足
	型枠工	型枠のはらみ、型枠からの漏水、型枠の早期除去、支保工の沈下
環境	熱、水分作用	環境温度・湿度の変化、部材両面の温度・湿度の差 凍結融解の繰り返し、火災、表面加熱
	化学的作用	酸・塩類の化学作用、中性化による内部鋼材のさび、塩化物の侵入による内部鋼材のさび
構造・外力	荷重	設計荷重以内または超える場合の長期的な荷重、設計荷重以内または超える場合の短期的な荷重
	構造設計	断面・鋼材量不足
	支持条件	構造物の不同沈下、凍上

出所：「コンクリートのひび割れ調査、補修・補強指針」、（社）日本コンクリート工学協会編、2013年

自己治癒する強化繊維

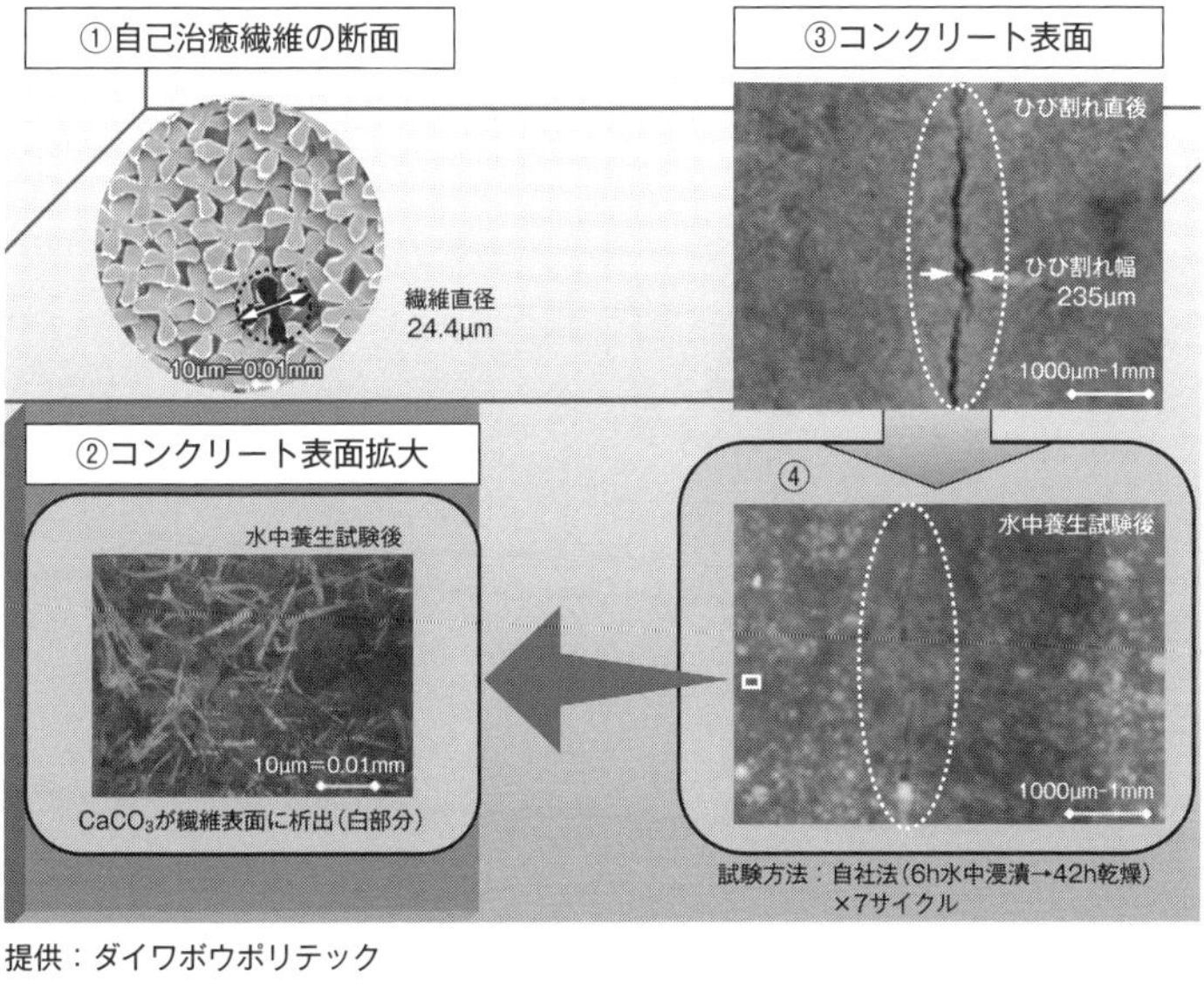

提供：ダイワボウポリテック

30 汚濁水拡散を防ぐフェンス
―放射能汚染水の拡散防止にも貢献―

土木工事には合成繊維や不織布、マット、ネットなどの繊維土木資材が使われています。これらはジオテキスタイルと呼ばれ、各種施設の整備や保全、環境改善などのための工事で大変役立っています。

たとえば、水の上にほんの少し油を落としても、瞬く間に拡がります。これが、何万t級のタンカーが座礁して油が海に流出したら、大変な事故になります。油は水よりも軽く、水面に浮いた状態で拡散します。そこで登場するのが、汚濁拡散防止用「オイルフェンス」です。

これは水に強いシートでできていて、浮きと堰《せき》が一体化され、タンカーを囲むように設置することで、波があってもフェンス内側の水面の油を囲い込むことができます。オイルフェンスに必要な特徴は、①安定して海面に浮く、②展張作業で破損が起こらない十分な強度がある、③長く保管しても劣化が起りにくいなどで、高強力繊維の織物を樹脂で防水加工してつくられます。タンカーや石油コンビナートでは、法律上これらの備蓄が義務づけられています。また、汚濁拡散防止用「シルトフェンス」は、土木工事などで河川に泥水が流れ込んでも、浮きとその下に吊り下げられたスカートと呼ばれる高強力繊維織物で水の流れを抑え、土の微粒子の沈降を手助けして拡散を防ぎます。

2011年3月の東日本大震災では、東京電力福島第一原子力発電所の放射能汚染水が海に拡散するのを防ぐ目的で、シルトフェンスが使用されました。土の微粒子に放射性物質が付着しており、それがシルトフェンスで堰き止められ、徐々に沈降してシルトフェンス外側（海側）の放射能汚染水のレベルが基準内に納まり、海への汚染水拡散防止効果があったようです。

オイルフェンス施工例

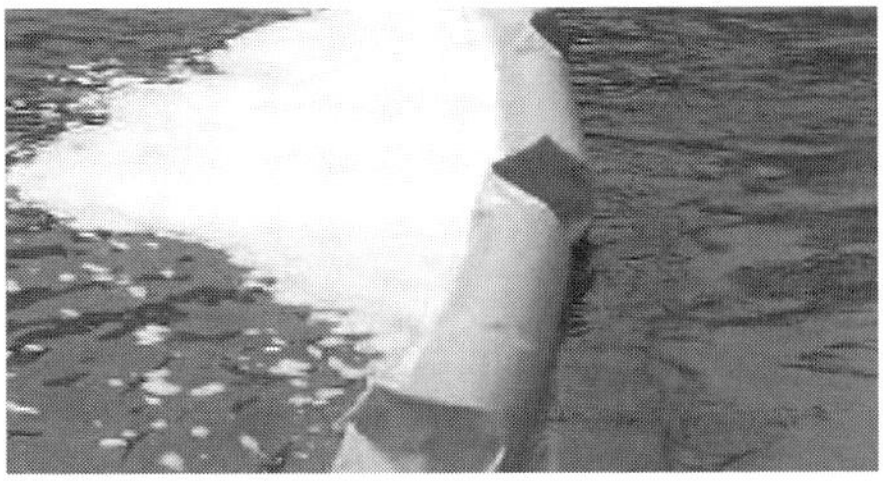

タンカー周辺に設置 ― オイルなどの拡散防止

提供：前田工織

シルトフェンスの施工例

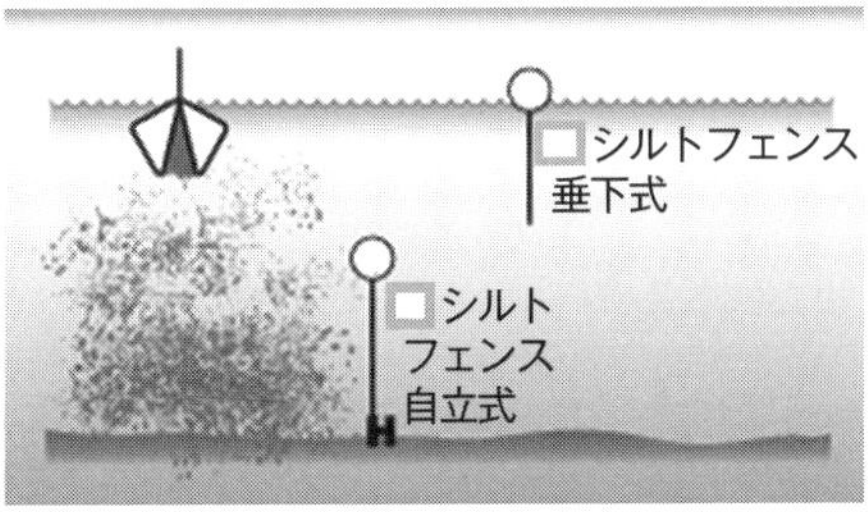

工事などによる汚濁拡散防止

提供：前田工織

福島第一原子力発電所のシルトフェンス施工例

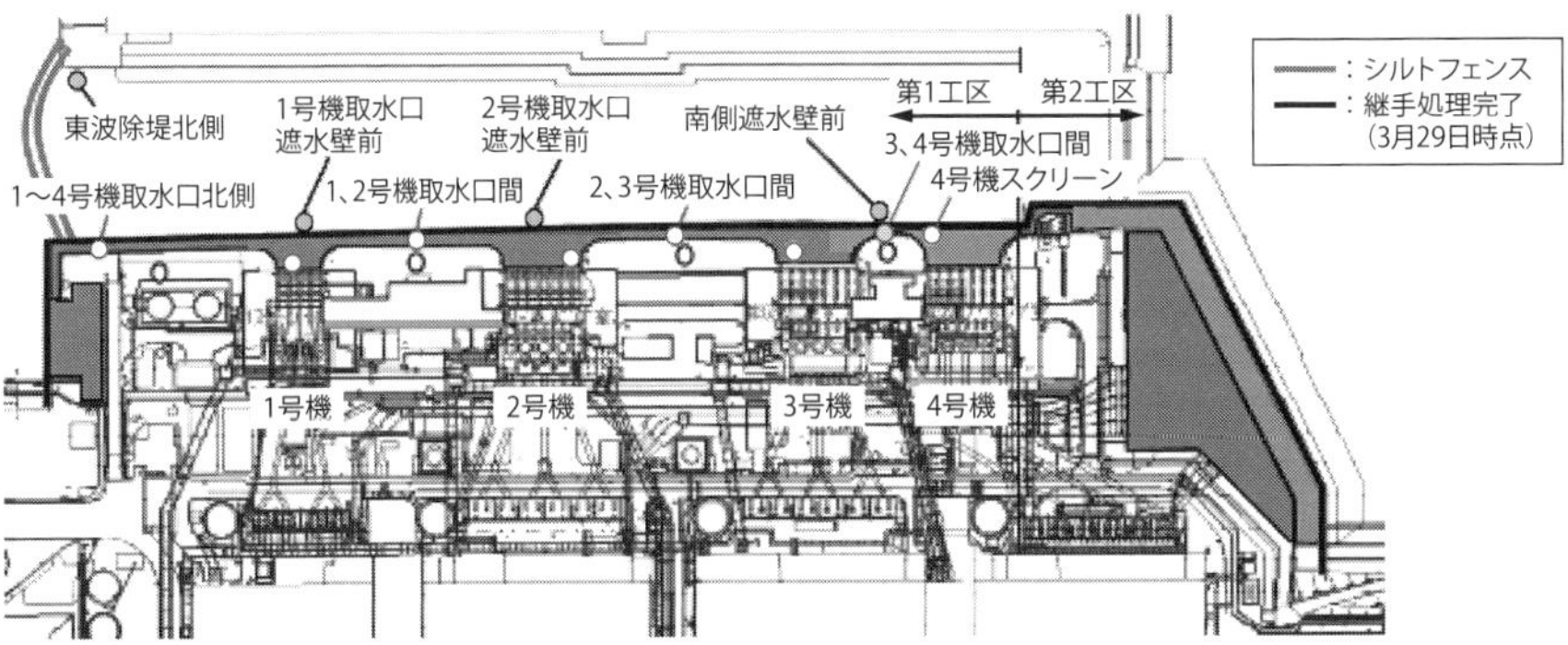

福島第一原発と防潮堤との間にシルトフェンスを設置 ― 放射能汚染物質の海への拡散を防止

出所：経済産業省HP、「廃炉・汚染水対策の概要」2016年3月31日廃炉・汚染水対策チーム会合/事務局会議、図8

31 炭酸ガスが繊維に
―植物が土中で分解する合成繊維に―

合成繊維はこれまで石油や石炭などの化石資源を原料としており、資源枯渇や大気中の炭酸ガス増加が問題となっていました。植物は炭酸ガスと水を使い、太陽光をエネルギー源としてでんぷんやセルロースを合成することができますが、近年ではこれらを原料に合成繊維をつくることが可能になっています。

植物由来の原料は、使用後は土中で分解させることができます。そうした原料の代表的なものであるポリ乳酸繊維は、飼料用トウモロコシを乳酸菌で発酵させて得る乳酸を重合したポリ乳酸からつくられています。

ポリ乳酸繊維は、従来の化石資源由来の合成繊維（ポリエステルやナイロンなど）と遜色のない強度を有しており、使用後は土中に埋めたり、生ゴミ処理機で処理したりして炭酸ガスと水に分解されます。ただポリ乳酸繊維は、融点が１７０℃とポリエステルやナイロンに比べて低く、染色やアイロンの熱に注意を要するため、当初は飲料用フィルターバッグや台所用水切りフィルターなどの使い捨て分野で用途が拡大しました。その後各種の改良が加えられ、融点を２００℃以上にすることが可能となり、自動車内装材をはじめ用途が広がりつつあります。

また、既存の合成繊維も化石資源からだけでなく、植物資源から得る方法も実用化され始めています。たとえば、サトウキビの搾りかすをアルコールとし、これをさらにエチレングリコール、エチレン、プロピレンといった合成繊維の原料にしています。

これら植物資源を原料とした合成繊維は、化石資源を原料とするポリエステル、ポリエチレン、ポリプロピレンなどとまったく同じ物性であり、環境低負荷素材として注目されています。

ポリ乳酸のバクテリアによる分解

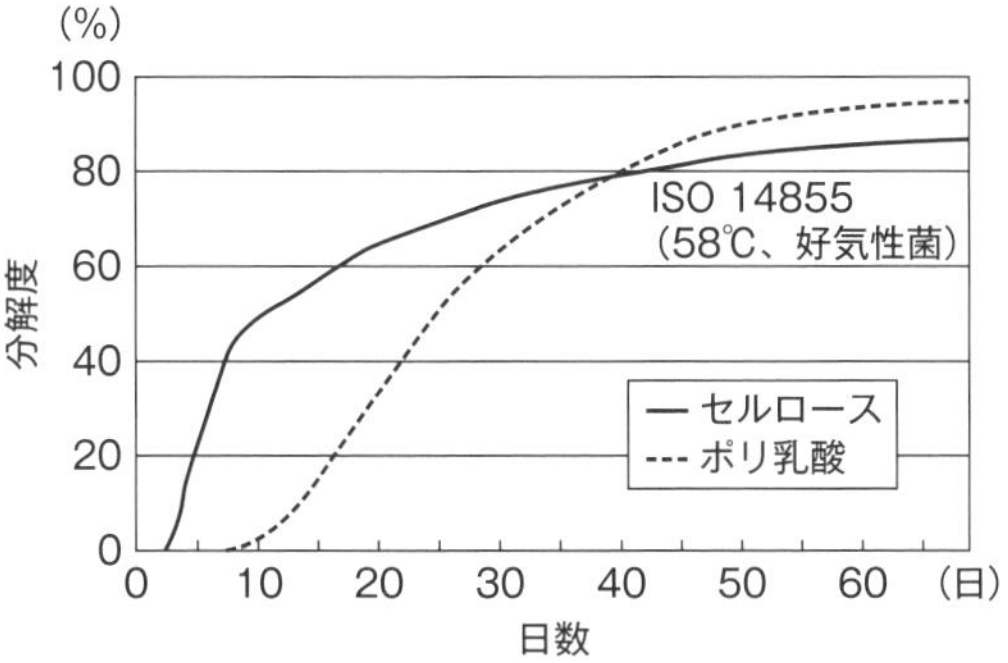

出所：「やさしい産業用繊維の基礎知識」、加藤哲也・向山泰司、日刊工業新聞社、2011年、p.195

原料ポリマーの製造における炭酸ガス発生量は、PETやナイロンの1/10に近い。通常環境では繊維機能を失うことなく長期間使用が可能で、適切な条件（温湿度、水の水素イオン濃度（pH）、バクテリア）では分解して水と炭酸ガスになる

ポリ乳酸繊維からの製品

ティーバッグ

法面保護材　全景

拡大

植樹ポット

ティーバッグや植樹ポットなど使い捨て製品に適用される。法面保護材は、ポリ乳酸繊維製の袋に間伐木材を小さく砕いたチップを詰めたもの。これを植林した幼木の間に敷き詰め、幼木が根づくまで表土流失防止と水分保持を図り、数年経つと法面保護材は役目を終えてなくなる

32 がん治療に活躍する不織布
―正常細胞を照射から守ってくれる―

高齢化社会を迎え、日本における死因のトップはがんであり、がんによる死亡者数の半数以上が75歳以上の高齢者です。がんに対しては外科手術や放射線治療、抗がん剤治療などが主な治療法となっています。こうした治療に伴う身体への害について、手術であれば身体にメスを入れること、また薬であれば副作用の可能性も含めて〝侵襲〟と言います。現代では低侵襲な治療が志向され、体力の消耗や傷口が小さく、患者に肉体的にも精神的にも負担をかけないように、種々の低侵襲性手術用具が開発されています。

医療用具の中で最も歴史が長いものの1つが縫合糸であり、天然非吸収性高分子である絹糸や、天然吸収性高分子であるヒツジやウシの腸腺などが使われてきました。体内吸収性縫合糸は生体内の体液による加水分解、生体内の酵素による酵素分解、マクロファージなどによる生物的分解などにより生体内に吸収され、今では体内吸収性縫合糸にはポリグリコール酸およびグリコール酸の共重合体などの合成繊維がメイン素材で、低侵襲性用具として活躍しています。

ところで現在、すい臓がんの罹患率が年々増加しています。すい臓は身体の奥深くに位置し、自覚症状も表われにくく、他の臓器に囲まれ早期発見が難しく、そのほとんどは進行がんの状態で発見されます。すい臓は他の臓器のように粘膜や筋肉によって守られておらず、がんができると周りのリンパ節、肝臓、骨などに進行・転移しやすいと言われています。治療においてすい臓がんの根治が期待できるのは手術とされていますが、手術できるすい臓がんは全体の10～20％程度です。したがって、放射線治療はすい臓がん治療において重要な役割を果たしています。

縫合糸の種類

- 縫合糸
  - 吸収性縫合糸
    - 天然繊維
      - カットグット（腸線）
      - 再生コラーゲン
      - キチン
    - 合成繊維
      - ポリグリコール酸
      - ポリグラクチン
      - ポリビニルアルコール
  - 非吸収性縫合糸
    - 天然繊維
      - 絹
      - 亜麻、木綿
      - 改質セルロース
    - 合成繊維
      - ポリエステル
      - ポリアミド（ナイロン）
      - ポリエチレン
      - ポリプロピレン
      - フッ素化ポリエーテル
    - 金　属
      - ステンレス、銀、特殊合金

出所：「繊維の百科事典」、丸善、2002年、p.907

　放射線治療は、放射線照射によりがん細胞のＤＮＡを破壊し、細胞分裂を抑える治療です。正常細胞もがん細胞も、細胞分裂の際に遺伝情報の基となるＤＮＡが放射線により切断され、細胞は分裂できずに死滅します。放射線は、正常な細胞に比べて増殖スピードが速いがん細胞に対し、より効果を発揮します。最近ではＸ線などの電磁放射線照射に加え、水素の原子核である陽子を加速して照射する「陽子線治療」や、炭素の原子核を加速して照射する「重粒子線治療」などが始まっています。

　粒子線治療は、従来の放射線照射に比べてエネルギーが強く、がん細胞だけを狙ってピンポイントで照射するため、周辺の正常細胞へのダメージを抑え、より正確にがん細胞に照射できます。しかし、体外照射では根治線量までの照射は不可能で、高線量を一度に副作用なく病巣部に照射する方法が試みられています。標的の動きを少なくして、正常細胞の被曝を回避する方法がとられますが、臓器の動きには呼吸や心拍など生命活動に必要なものもあり、正常細胞への被曝を抑え、副作用を回避する方法が研究されています。

スペーサー治療技術とは

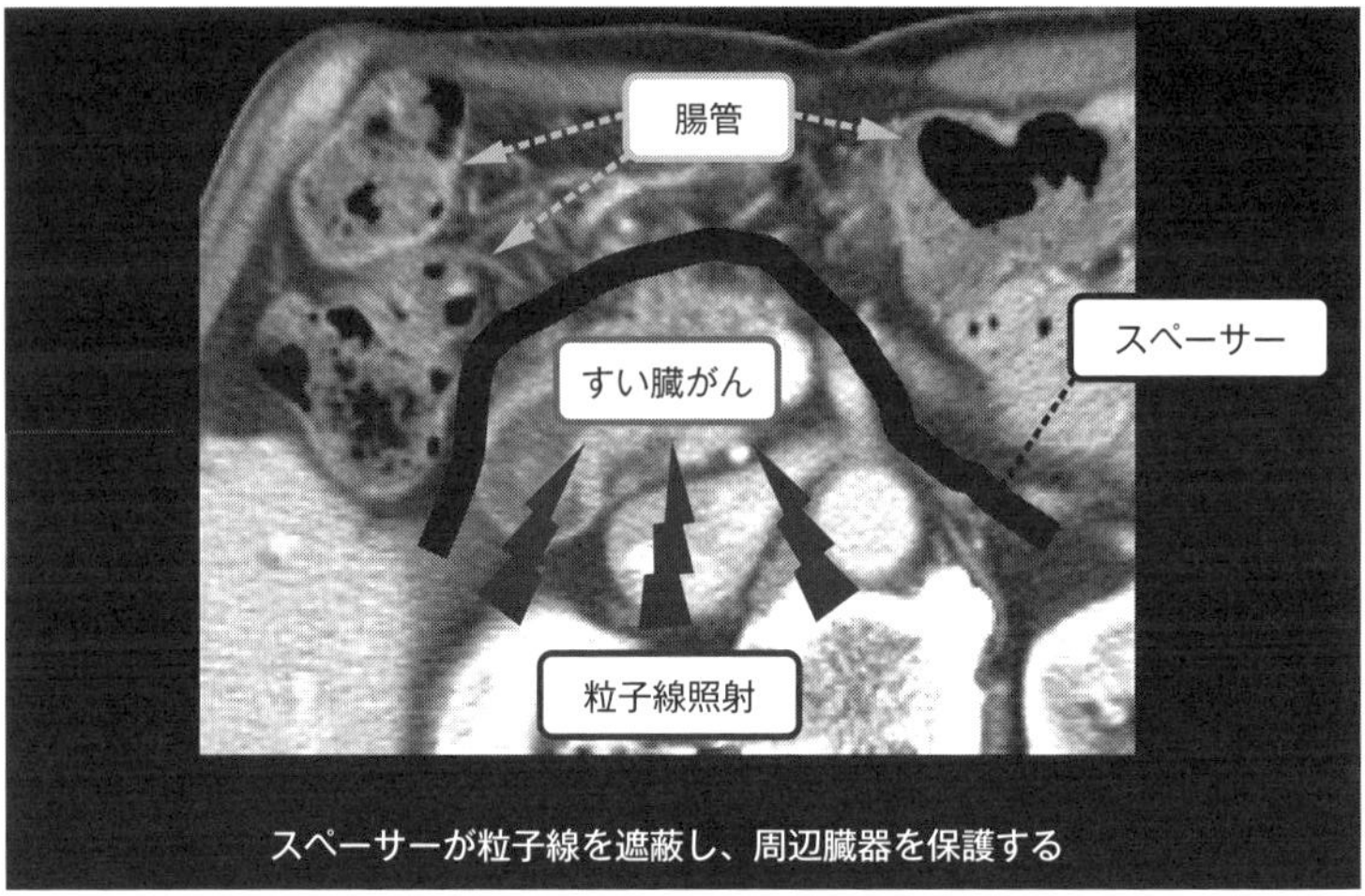

出所：「平成25年度課題解決型医療機器等開発事業成果報告シンポジウム」、経産省主催、2014年3月3日

そうした中、すい臓と正常な臓器とを隔てて、正常な臓器を放射線から守るスペーサーを開発する研究が行われています。スペーサーは、すい臓に照射された電磁放射線や粒子線が周辺臓器に当たるのをブロックすることで根治治療を可能にし、さらには体内で溶けて吸収されるため、除去手術の必要がありません。このスペーサーとして生体内吸収縫合糸に使われている繊維を使った不織布は注目され、利用が進んでいます。

水は、電磁放射線や粒子線による照射線の方向を変えることが従来から知られています。一方、上述した生体内吸収繊維であるポリグリコール酸繊維を、不織布にしてスペーサー用に使うという、画期的な技術が開発されました。

このスペーサー用の不織布は、従来の縫合糸用繊維を、独自開発した不織布製造設備により繊維と繊維との間に無数の空隙を有する不織布としたものです。毛細管現象によって生理食塩水や腹腔内の液体などに接触すると、瞬時にそれらの液体を吸収して保水されます。市販のティッシュペーパー状の医療用組織補強材に比べ、単位重量当たりで約13倍もの水を吸うことで、

体内吸収性スペーサーとは

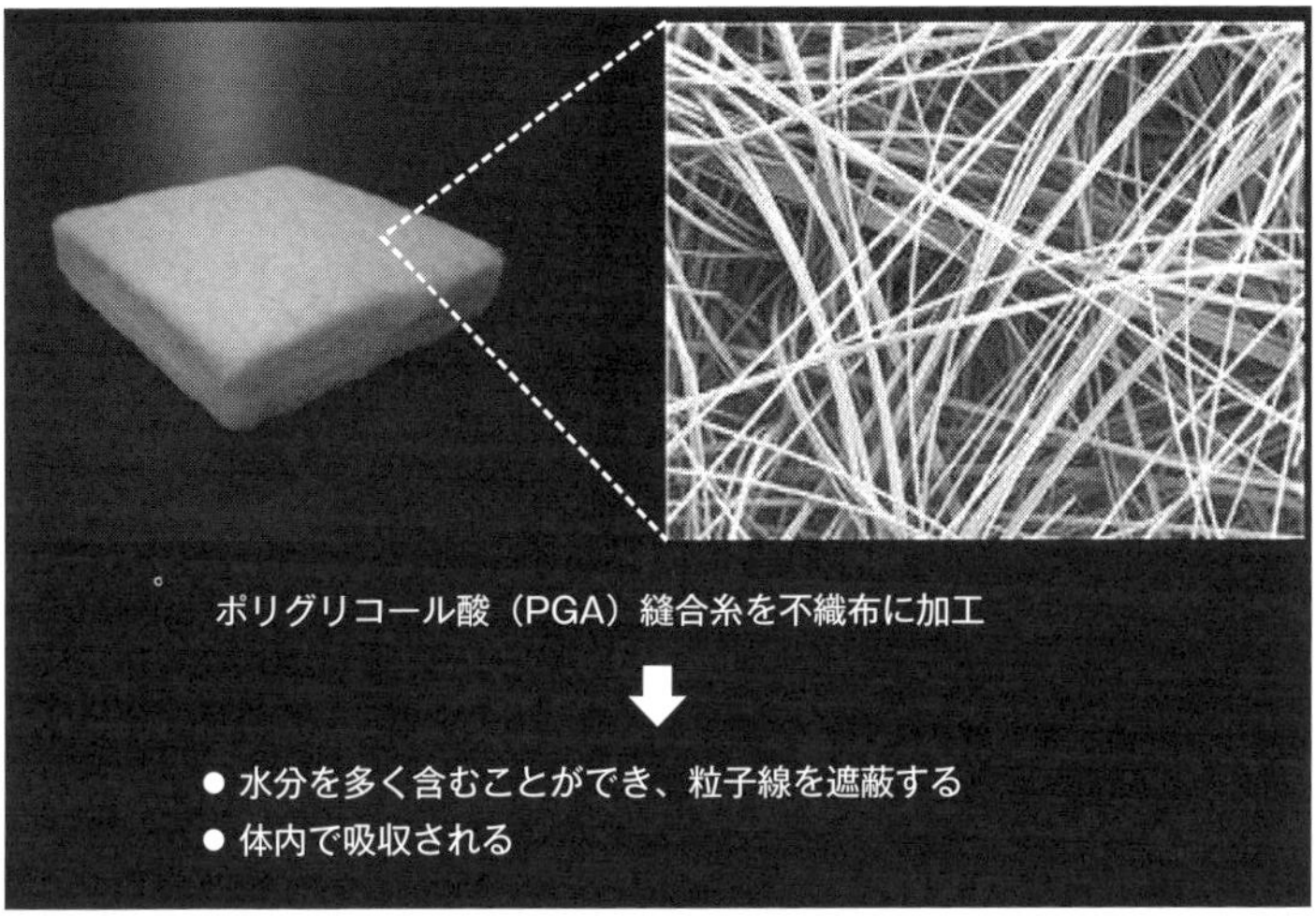
ポリグリコール酸（PGA）縫合糸を不織布に加工
● 水分を多く含むことができ、粒子線を遮蔽する
● 体内で吸収される

出所：「平成25年度課題解決型医療機器等開発事業成果報告シンポジウム」、経産省主催、2014年3月3日

放射線の遮蔽性能は大幅に向上することになります。

スペーサーの放射阻止能を示す指標となる「水等価厚」は、遮蔽体に含まれる水分の厚みを示す値です。その値は乾燥状態の遮蔽効果に比べて23倍にもなり、X線や粒子線の照射時における遮蔽効果が期待されます。

なお、このスペーサーは医療機器の製販会社として実績があるアルフレッサファーマ社が薬事承認・製造販売を担当し、不織布メーカーの金井重要工業が長年培った不織布製造のノウハウを活かして、製造を担当しています。そして、神戸大学大学院医学研究科と兵庫県立粒子線医療センターが、臨床の現場から外科手術と粒子線治療とを融合させ、スペーサーの有効性と安全性について総合的に評価検証し、研究開発に取り組んでいます。

体内吸収性スペーサー不織布は、多くの水分を含むことで放射線による正常組織へのダメージを軽減でき、かつ経時とともに体内に吸収されるため再手術の必要がないそうです。したがって、がんで苦しむ多くの患者から、さらなる適用範囲の拡大と性能向上が期待されています。

33 建物の免震装置として活躍する繊維

―フッ素繊維の摺動性に目をつけた―

フッ素繊維はＰＴＦＥ（ポリテトラフルオロエチレン）ポリマーを代表とする繊維で、合成繊維の中では最高レベルの低摩擦（摺動性）、耐熱性、難燃性、耐薬品性などに優れた繊維です。ＰＴＦＥは融点が高く、溶媒にも溶けにくいため、通常の溶融紡糸や湿式紡糸、乾式紡糸などによっては繊維化できません。そのため、ＰＴＦＥ粉末をビスコース溶液に分散させて繊維化した後、分散媒体を焼却除去するという特殊なエマルジョン紡糸法によって長繊維が製造されています。

フッ素繊維の優れた摺動性により低摩擦材として低速・高荷重の無潤滑軸受に適用され、建設機械や風力発電機などのベアリングに使用されてきました。

最近、フッ素繊維と高剛性繊維を組み合わせた、超高圧力下にも対応できる高耐久性摺動テキスタイルが開発されました。二重構造テキスタイルとすることで、これまで飛散していたフッ素繊維の粉塵をテキスタイルの中に取り込み、潤滑層を形成させることに成功したものです。従来のフッ素繊維のみを使用したテキスタイルに比べ、１００倍以上の耐摩耗性を実現しています。

そして、この高耐久摺動テキスタイルを用いた高性能の免震装置「低摩擦弾性滑り支承」が開発されました。この免震装置では、積層ゴムと滑り板から構成されるシンプルな構造物で、地震を受け流して建物を守ることができます。地震時の小さな揺れには、積層ゴム部分が変形することで地震の揺れを抑え、大きな揺れには滑り材が滑り板の上を滑ることで、地震の力を上部の建物に伝えにくくする機構になっています。こうした装置により、商業ビルや公共施設などの安全・安心に役立っています。

PTFEの摩擦係数

摩擦片	摩擦面	摩擦係数μ
PTFE ナイロン 毛織物	PTFE ナイロン 毛織物	0.04 0.15〜0.25 0.44

出所：ラブノーツ技術資料「各種摩擦抵抗」

低摩擦弾性滑り支承の構造

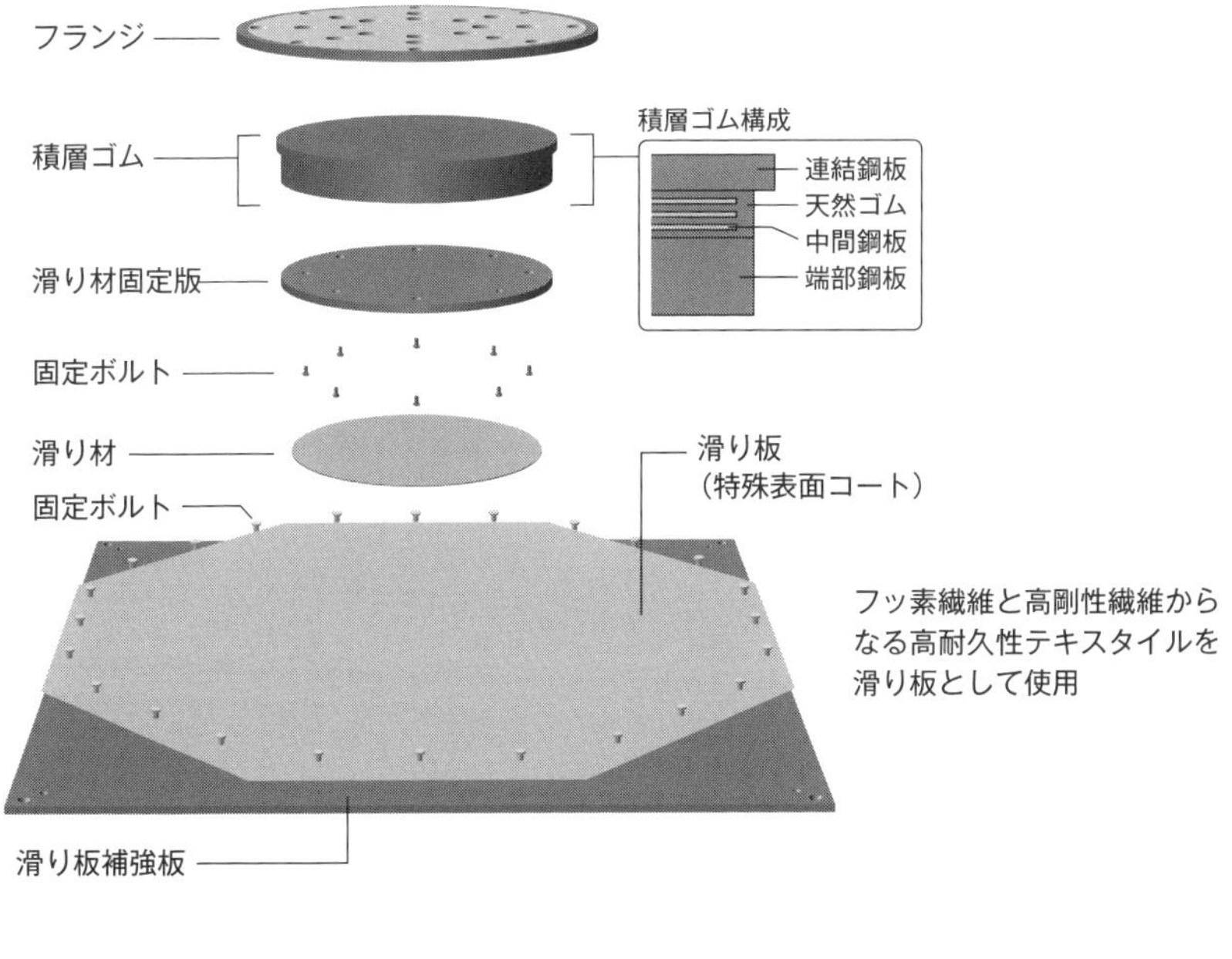

低摩擦弾性滑り支承による地震の揺れ吸収メカニズム

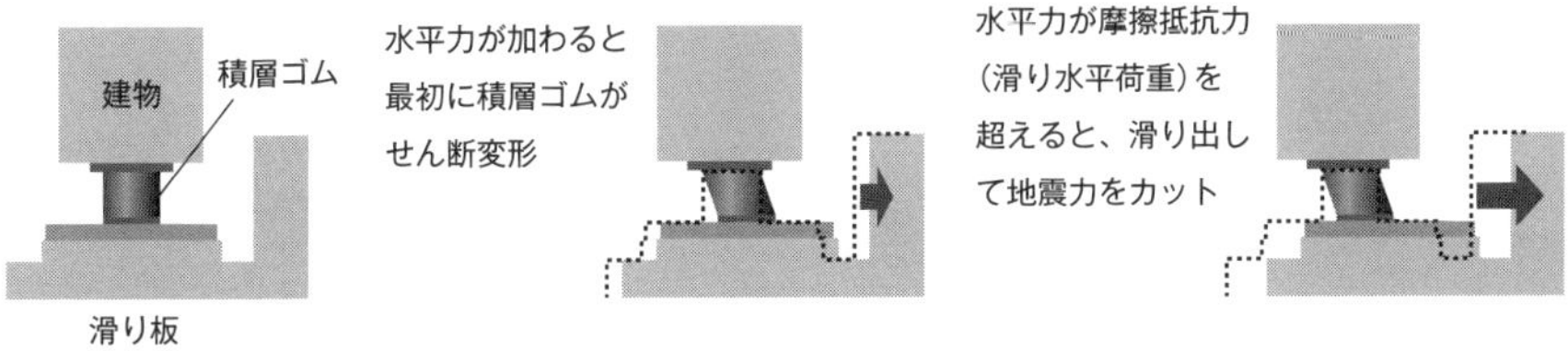

提供：新日鉄エンジニアリング

34 自動車に使われるエコ繊維
―環境に優しいケナフ繊維が高級車に―

壁土に藁や麻を刻んで混ぜることで、壁の強度と耐久性を向上させることが昔から行われてきました。現在では、コンクリートにビニロンや金属の短繊維を混合して補強することが行われています。また一般に、樹脂に短繊維を混合した高性能複合材料が開発され、さまざまな用途に用いられています。

年間生産台数が9000万台を超える自動車は、環境負荷への影響が大きいため、多方面から環境負荷低減製品・技術の開発が行われています。たとえば自動車部品の一部を、従来の石油系材料から環境負荷の少ない非石油系材料へ転換することが進められています。

トウモロコシやサツマイモなどのでんぷんから製造されるポリ乳酸は、樹脂や繊維として自動車内装材の一部に採用され始めています。ポリ乳酸BCF（嵩高捲縮《けんしゅく》加工糸）は、単独またはナイロンとの複合によって、自動車のオプションマットとしてすでに搭載されています。

また、ポリ乳酸樹脂をマトリックスに、補強繊維としてケナフを用いたバイオプラスチックが、スペアタイヤカバーやドアトリム（ドアの内層基材）などに実用化されています。ケナフはアオイ科の一年草で成長が早く、植物中最高レベルのCO_2の吸収能力を持っています。ケナフを補強材として混合することにより、ポリ乳酸樹脂の耐衝撃性や耐熱性が向上します。

ケナフやポリ乳酸樹脂を用いたエコ製品は、高級車を中心に搭載されつつあります。高級車は大衆車に比べて製造コストに余裕があり、かつ環境保全に理解のある購入者が多いからです。ケナフ補強ポリ乳酸複合材料は、パソコンその他電気機器の筐体などにも用いられています。

ケナフ繊維の栽培地

提供：宮城県震災復興推進課 HP

ケナフのCO_2吸収能力

植物	CO2吸収量(t/ha/y)
杉	2.5〜5.0
アカシア	14.7
熱帯雨林(アマゾン)	16.5
ケナフ(二期作)	72〜146

出所：ユニパアクス HP

ケナフは杉の約30倍のCO_2吸収能力を持っているよ

ケナフとポリ乳酸樹脂を基材にした製品例

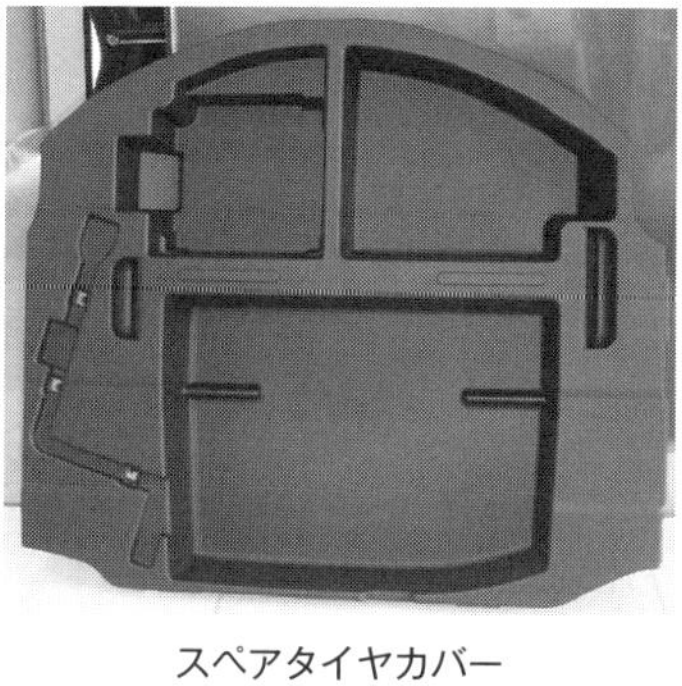

スペアタイヤカバー

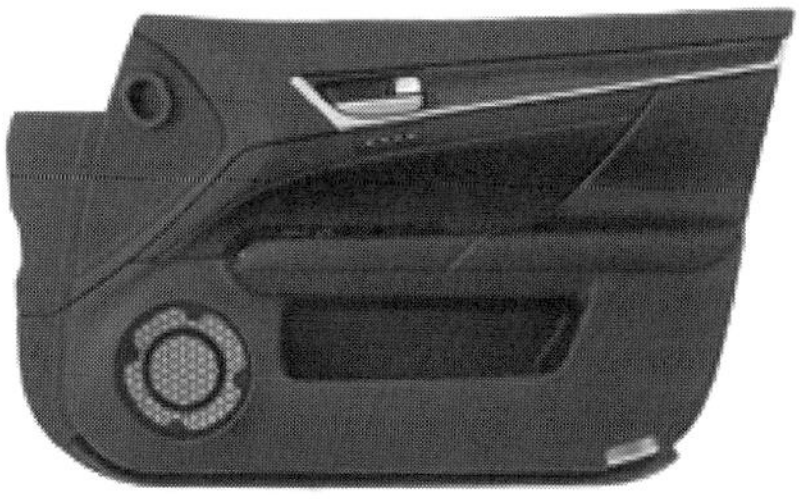

ドアトリム

35 水を浄化する繊維
―海水も下水も飲み水に―

汚れた水を浄化する際には、砂層や粒状活性炭、あるいはポリエステルといった合成繊維集合体などのろ過材が使用されています。中でも活性炭を繊維状にした活性炭繊維は、粒状活性炭に比べて吸着速度が速く、ろ過を効率的に行うことができます。

しかし、ろ過した水を飲料水として使用する場合には、細菌やウイルス、有害な重金属イオンなども除去する必要があります。また海水を淡水化しようとすると、重金属イオンよりもサイズの小さいナトリウムイオン、マグネシウムイオン、塩素イオンなども除去しなければなりません。

微小な有害物を除去する場合は、一般的に中空糸膜が使われています。中空糸膜とは、マカロニのように芯部が空洞になったろ過機能を有した繊維のことで、繊維の表面から芯の空洞部に貫通した微細な穴が多数開いた繊維を言います。このような繊維状にすることでろ過面積が大きくなり、効率的にろ過することができます。

すなわち、汚れた水が繊維の表面から微細な穴を通って芯の空洞部へ、あるいはその逆方向に流れる際に、穴のサイズより大きな有害物が取り除かれます。実際には、この中空糸膜を多数本束ねたカートリッジとして使用します。

ところで中空糸膜は、そこに開いた微細な穴の大きさによっていくつかの種類に分類されます。たとえば、精密ろ過膜は約0・1㎛以上の物質をろ過するもので、泥や0・2㎛程度の大きさの大腸菌、赤痢菌などは除去できますが、ウイルスは除去できません。

また、限外ろ過膜は約0・01㎛程度のもので、たとえば各種ウイルスも除去することができます。この

除去物質と適用可能な中空糸膜

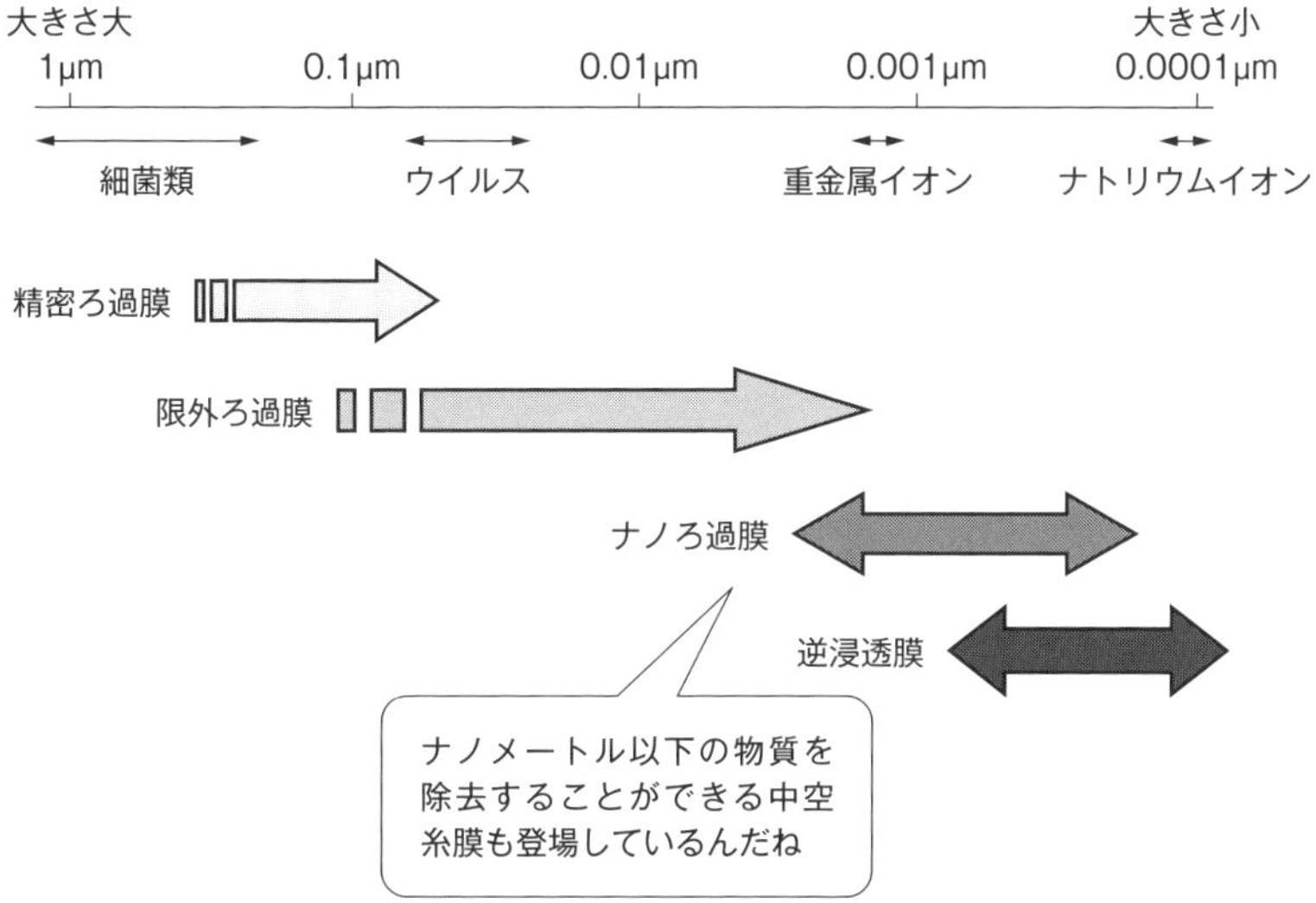

限外ろ過膜を用いた浄水処理システムは全国の簡易浄水場で使われているほか、腎臓病患者の血液透析にも使われています。さらに、ナノろ過膜は０・００２㎛までのもので、たとえば重金属イオンでも除去することができます。

一方、最も微細な物質を分離できるのは逆浸透膜で、海水に含まれるナトリウムイオンや塩素イオンなどを水分子と分離することができます。この逆浸透膜は、電子工業や半導体産業などにおける洗浄や、原子力発電所の1次冷却水に用いられる極端に純度の高い超純水の製造、あるいは海水の淡水化などに用いられます。

この海水―淡水化プラントについては、日本の技術による大型プラントが中東地区を中心に十数年以上も使われている実績があり、蒸発法に比べて60％以上の大幅な省エネやプラント建設コストの削減などのメリットをもたらしています。

このほか、炭素繊維上に急速、かつ強固に生物膜が形成される特性を用いて水質浄化するという技術が、帝人と群馬工業高等専門学校により開発されています（平成20年度環境技術実証事業）。

36 高温にも耐える繊維
―極限状態で活躍する合成繊維の不思議―

高温にも耐えることができる繊維と言えば、炭素繊維やガラス繊維、金属繊維、セラミックス繊維などの無機繊維を思い浮かべる方が多いでしょう。無機繊維が持っていない特性で、合成繊維の特徴である柔らかさや布帛化したときのしなやかさ、軽量性はそのままに、耐熱性を高めた合成繊維があります。

耐熱性合成繊維には、機械的性質は汎用繊維並みのものと、高強力・高弾性率型のものに分けられます。前者にはポリフェニレンサルファイド繊維（PPS繊維）、ポリエーテルエーテルケトン繊維（PEEK繊維）、ポリイミド繊維（PI繊維）、ポリテトラフルオロエチレン繊維（PTFE繊維）、メタ系アラミド繊維、ポリベンズイミダゾール繊維（PBI繊維）などがあります。また後者にはパラ系アラミド繊維、ポリパラフェニレンベンゾビスオキサゾール繊維（PBO繊維）があります。

最初に挙げたPPS繊維は、超というほどの耐熱性ではないものの耐薬品性がきわめて優れていること、紡糸温度は高いもののポリエステルやナイロンと同じ溶融紡糸／熱延伸法で製造可能なことから価格が比較的安いことが特徴として挙げられます。このほか力学特性も汎用繊維並みで、布帛化も容易であることから耐熱製品に広く使われています。

中でも最も使用量の多い用途は、石炭火力発電所やゴミ焼却炉などの高温ガス集塵用のバグフィルターです。石炭燃焼によって発生する硫黄酸化物ガスや窒素酸化物ガスに対しても高い耐久性を有します。

PEEK繊維、PI繊維、PTFE繊維も同様にバグフィルターに用いられることが多く、PPS繊維よりもガス温度が高い場合に使用されます。アラミド繊

パルスジェットPPSバグフィルター装置

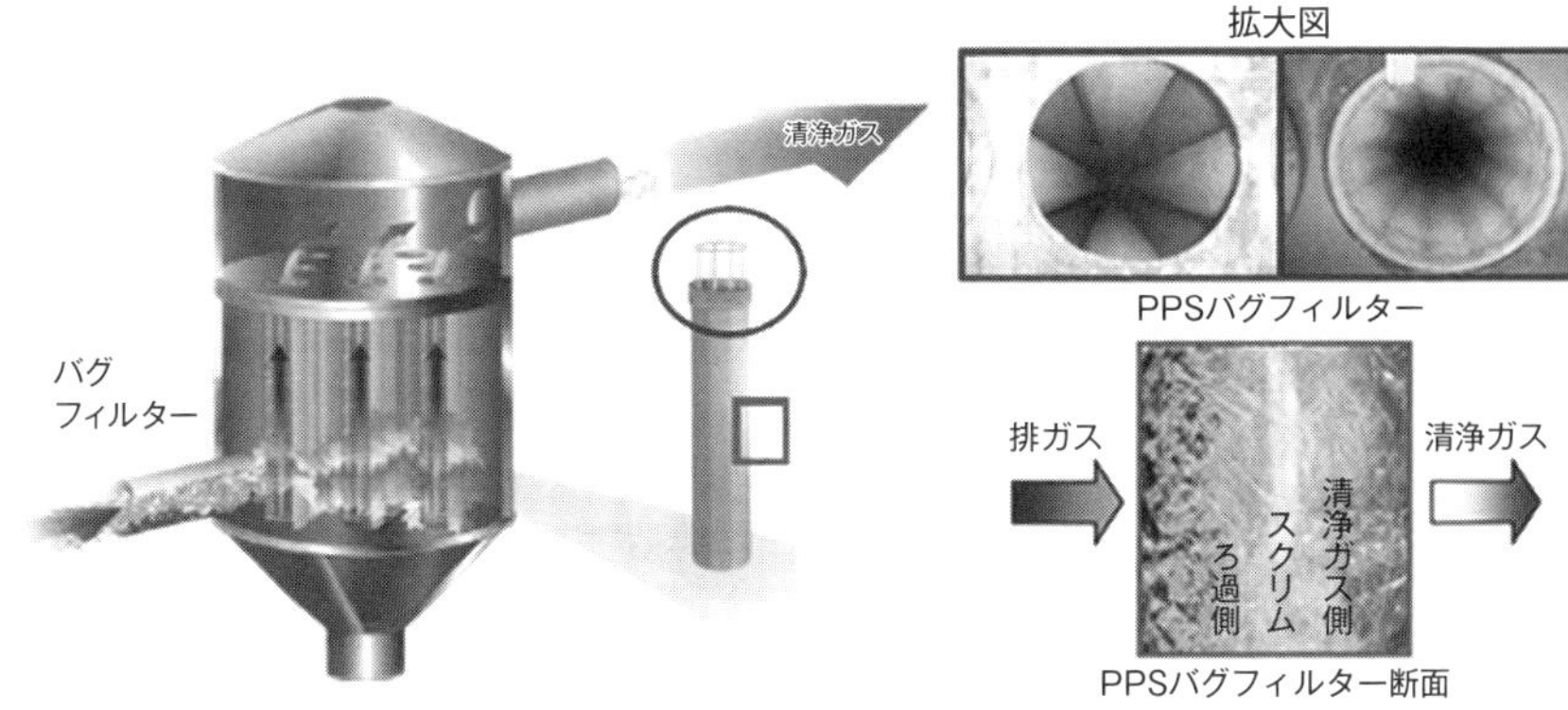

出所：第55回ドルンビルン国際化繊会議予稿集、小城優相、2016年

粉じんを含んだ排ガスをPPS繊維でつくったバグフィルターでろ過し、清浄ガスにするパルスジェットPPSバグフィルター装置。この装置が灰による大気汚染を防ぐ

維（メタ系、パラ系）は、先に述べたPPS繊維よりも一段高い耐熱レベルで性能とコストのバランスが良い繊維です。汎用繊維並みの機械特性でテキスタイル化しやすいメタ系と、高強力・高弾性率のパラ系のそれぞれの特性を活かしたり、組み合わせたりすることによって、バグフィルター以外にも耐熱防護衣や長期の耐熱性が必要なゴム補強材、ブレーキパッドなどに幅広く使用されています。

これまで挙げた耐熱繊維を上回る300℃以上でも連続使用可能な繊維として、1983年にPBI繊維が生まれました。耐熱防護衣の中でも最も高い性能が求められる消防服用途には、アラミド繊維がよく用いられますが、PBI繊維を混ぜることでさらに性能を高めることができます。

PBI繊維が保っていた最高の耐熱性を持つ素材の座を奪ったのが、98年に開発されたPBO繊維でした。分解温度は670℃と合成繊維中最高を示します。

では、なぜPBI繊維やPBO繊維は高耐熱性を示すのでしょうか。その理由は分子構造にあります。融点は、①分子同士が引き合う力が大きい、②分子の対

各種繊維の耐熱性および難燃性

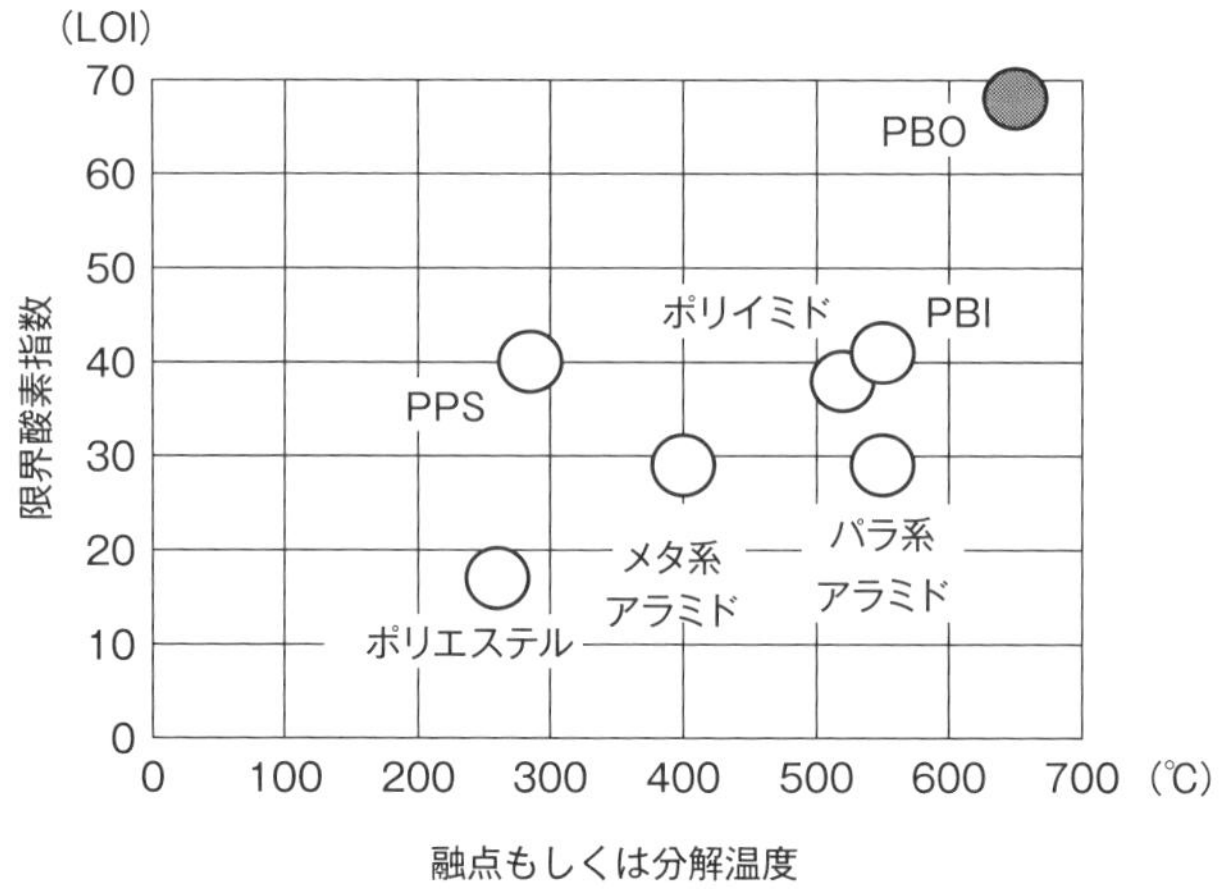

出所：繊維学会誌「繊維と工業」、村瀬浩貴、Vol.66、2010年、p.177

PBO繊維は難燃性と耐熱性の両方において合成繊維中で最高の特性を示す

称性が高い、③分子鎖の回転などの形態の自由度が小さい、場合に高くなります。ＰＢＩ繊維やＰＢＯ繊維には①の要素を高める窒素原子や酸素原子が含まれており、ＰＢＯ繊維の分子構造は対称性に優れ、どの分子鎖も回転できなくなっており、②と③の要素を持っています。

融点が十分に高められると、融けるより先に分解が始まるようになるため、耐熱性をさらに高めるには熱分解温度を上げることが必要です。分解しにくい化学構造にするためには、原子と原子がより強く結びついたものにする必要があります。一重結合より二重結合が高く、ベンゼン環や複素環のように電子が非局在化できる構造は、より結合が安定化され、熱分解を受けにくくなります。ＰＢＩ繊維、ＰＢＯ繊維ともに二重結合を持つ環構造で構成されており、そのことが熱分解温度を高めています。

このような精緻な分子設計から生まれたＰＢＯ繊維は、アルミ製品の製造現場で活躍しています。アルミが５００℃以上の高温である箇所に使用する搬送ロールや搬送コンベア、アルミ圧延における焼きなまし工

500℃における耐摩耗試験結果

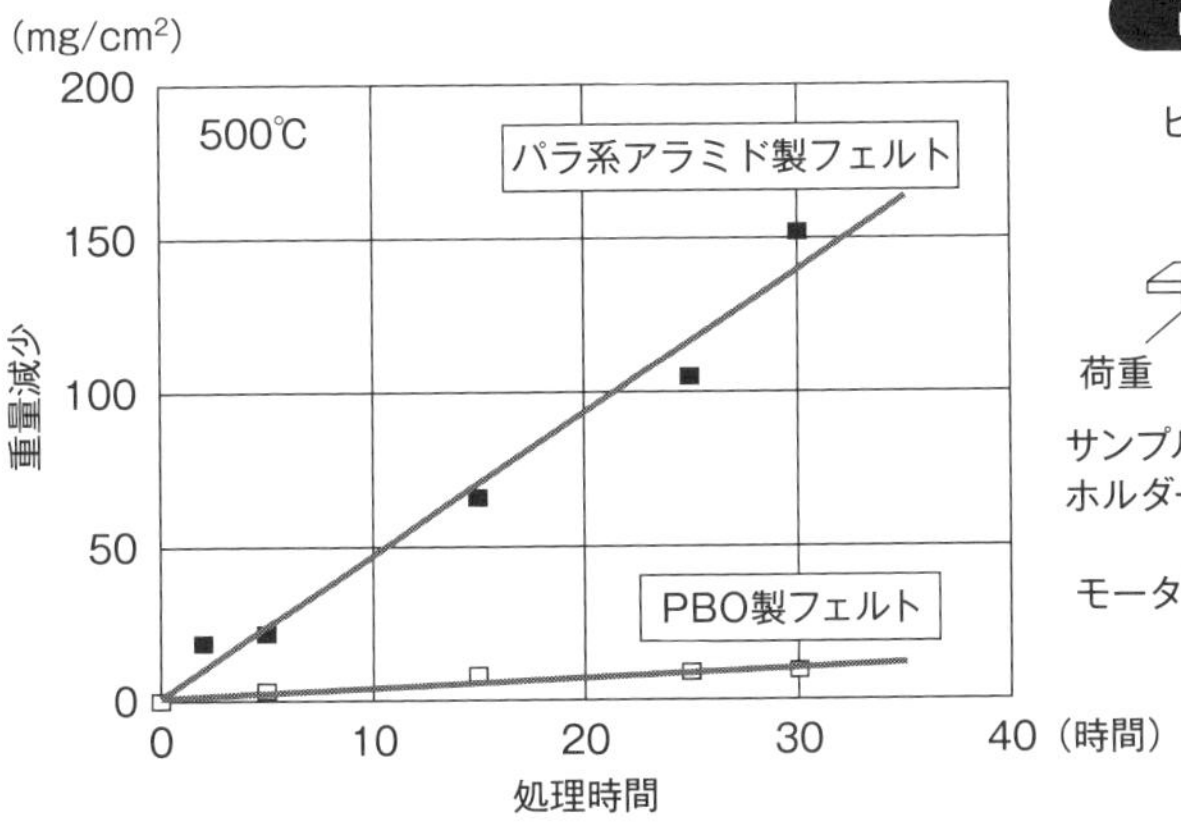

高温摩耗テスト機

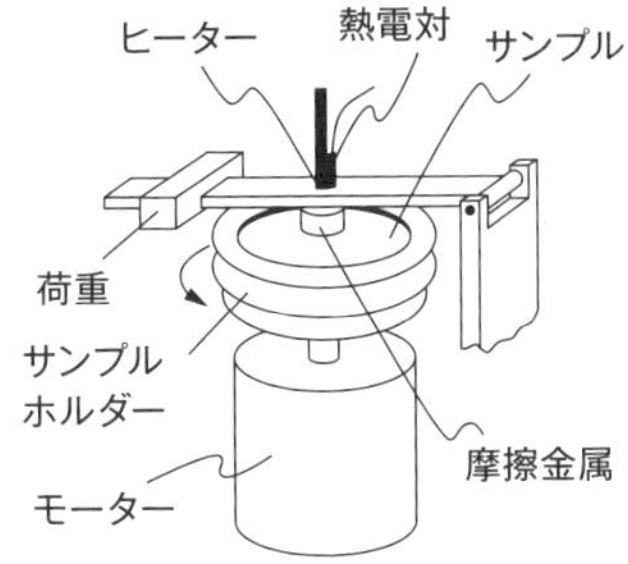

出所：繊維学会誌「繊維と工業」、黒木忠雄、矢吹和之、No.54、1998年、p.16

アルミ製造工程で必要とされる高温（500℃）での耐摩耗性を比較した結果、パラ系アラミド繊維は分解して減っていくのに対し、PBO繊維は卓越した摩耗耐久性を示すことがわかった

程で用いるスペーサー材などにＰＢＯフェルトが用いられます。無機繊維では、比較的柔らかい金属であるアルミ製品の表面を傷つけたり汚したりして、アルミ製品の商品価値を低下させることがあります。しかし、ＰＢＯフェルトは柔らかさやしなやかさがあり、相手材を傷つけません。

火花を散らして活躍する溶接などを行う産業ロボットの配線を守るケーブルカバーにも、ＰＢＯの織物が用いられています。ロボットの動きにしなやかに追従しながら、火花から配線を守ります。

ＰＢＯ繊維はＰＢＩ繊維同様、消防服用途において、アラミド繊維に混ぜることで性能を向上させる目的にも使われます。ＰＢＯ混の場合は、耐熱性がＰＢＩ混よりさらに優れていることに加え、引張強さが高いことから、火炎暴露にあったとしても生地が崩れ落ちたり、穴が開いたりするリスクはより小さくなります。また、宇宙用途にも大気圏突入時の熱や、ロケット噴射に対する耐熱性の高さから使用されています。

このように高温にも耐え、極限状態で活躍する合成繊維が、人々の暮らしを陰ながら支えています。

37 金属のように曲がるコンクリート
―補強繊維の裏ワザで―

コンクリートはきわめて長い寿命を持ち、古典的なコンクリートでつくられた古代ローマ時代の構造物が、2000年の時を経ても現役である例などが挙げられます。ただし近年、世間で社会資本の老朽化が話題となっているように、残念ながらコンクリートは永久の寿命を持つものではないと考えた方がよいでしょう。

コンクリートの劣化は、大きく分けて2種類あります。1つはコンクリート自身が劣化するものと、もう1つはコンクリート中の鋼材（鉄筋など）が劣化するものです。

コンクリートの耐久性を向上させるために、最近になって繊維補強コンクリートが注目されています。セメント・コンクリート補強用の繊維としては、ビニロン繊維、耐アルカリガラス繊維、鋼繊維、ポリプロピレン繊維が使用量において主要な位置を占めています。そして近年では炭素繊維、アラミド繊維やポリアリレート繊維などの高性能繊維も使用され始めています。

セメント・コンクリート用の補強繊維としては、一般的に引張弾性係数が高いことが望ましく、引張強さも高いことが求められます。補強が主な目的ではない場合、たとえばひび割れ防止やセメントの流動性調整、耐火爆裂防止などの用途の場合には、繊維の引張性能よりも繊維の形状が重要です。

繊維の引張強さは、単繊維の太さによって影響を受けます。一般的に単繊維の太さは直径数μmから数十μm程度が製造しやすく、繊維が太くなると繊維強度は低下する傾向にあります。これは、繊維内部の均一度低下や強度測定時に強度が低下するためです。コンクリート中の繊維強度は、引き抜き時に繊維が傷つくため適切な太さが存在すると考えらます。

高靭性コンクリートの曲げ試験

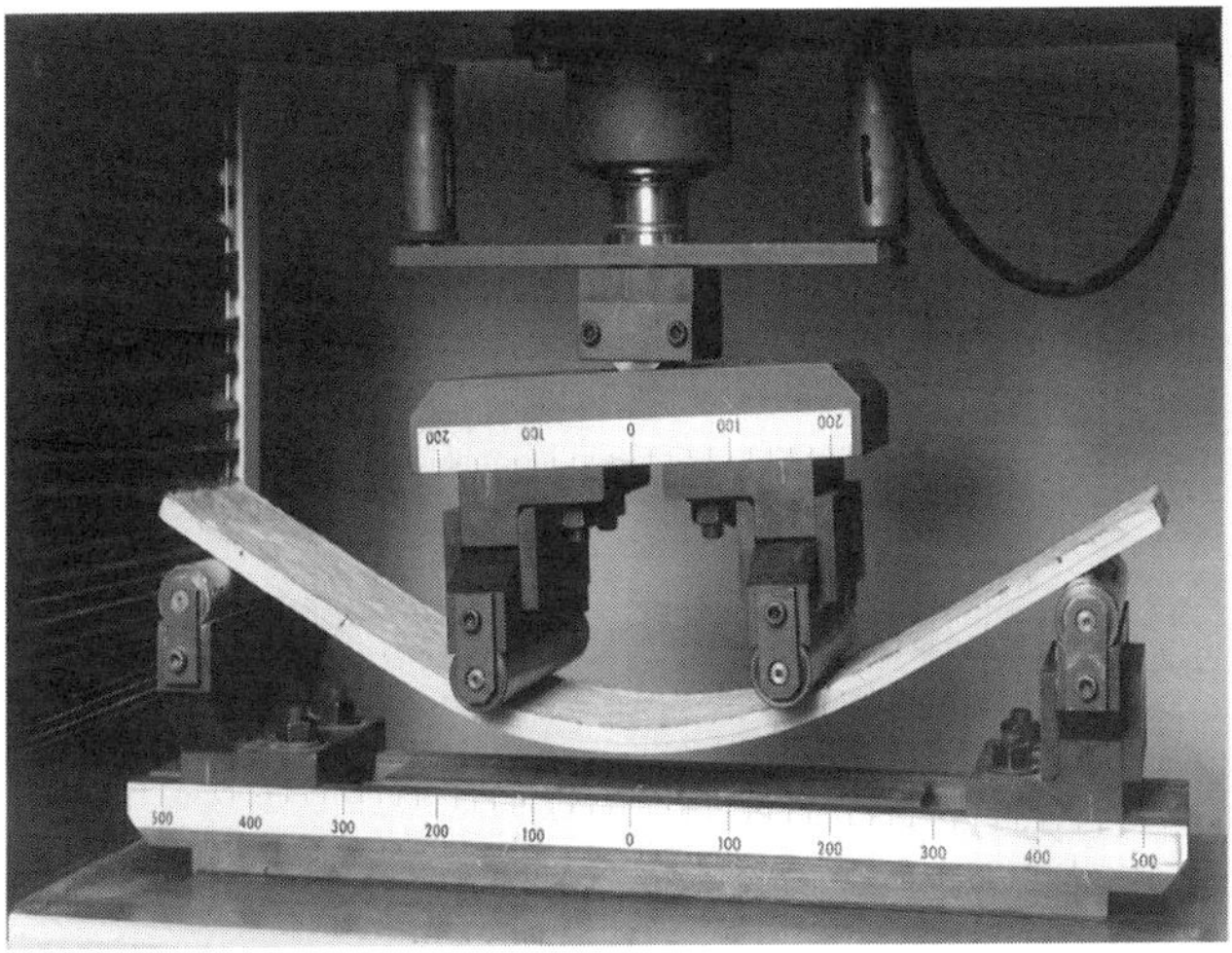

高性能PVA繊維を高添加して、微細ひび割れを発現した高靭性コンクリートの曲げ挙動を示している。従来のコンクリートの100倍以上のタフネスさを誇る

２０１１年に起きた東日本大震災は、日本の観測史上最大のマグネチュード９・０を記録しました。震源域は岩手県から茨城県沖までの南北約５００㎞に及び、この地震により波高10ｍ以上、最大遡上高40・５ｍにも上る大津波が発生し、コンクリートの崩壊や損傷で多くの人命が失われました。

今後、起こり得る可能性が高い南海地震や首都直下型地震などが警戒されており、被害を最小限に食い止める技術の開発が求められています。

これらの問題を克服する１つの方法として、コンクリートの高靭性化があります。靭性とは、英語でタフネス（Toughness）と言い、破壊に対する感受性や抵抗を意味し、材料の粘り強さを表しています。コンクリートはもともと、押しつぶされそうとする力に対しては強いですが、引っ張る力に対してはあまり強くありません。コンクリートを繊維で補強することで、コンクリートのひび割れを繊維がつなぎ留め、ひび割れを拡大させません。そして、微細なひび割れを多数発生させることでかかる力を分散させ、破壊されることなく粘り強く変形して靭性を向上させるのです。

高靭性を発揮する微小なクラック

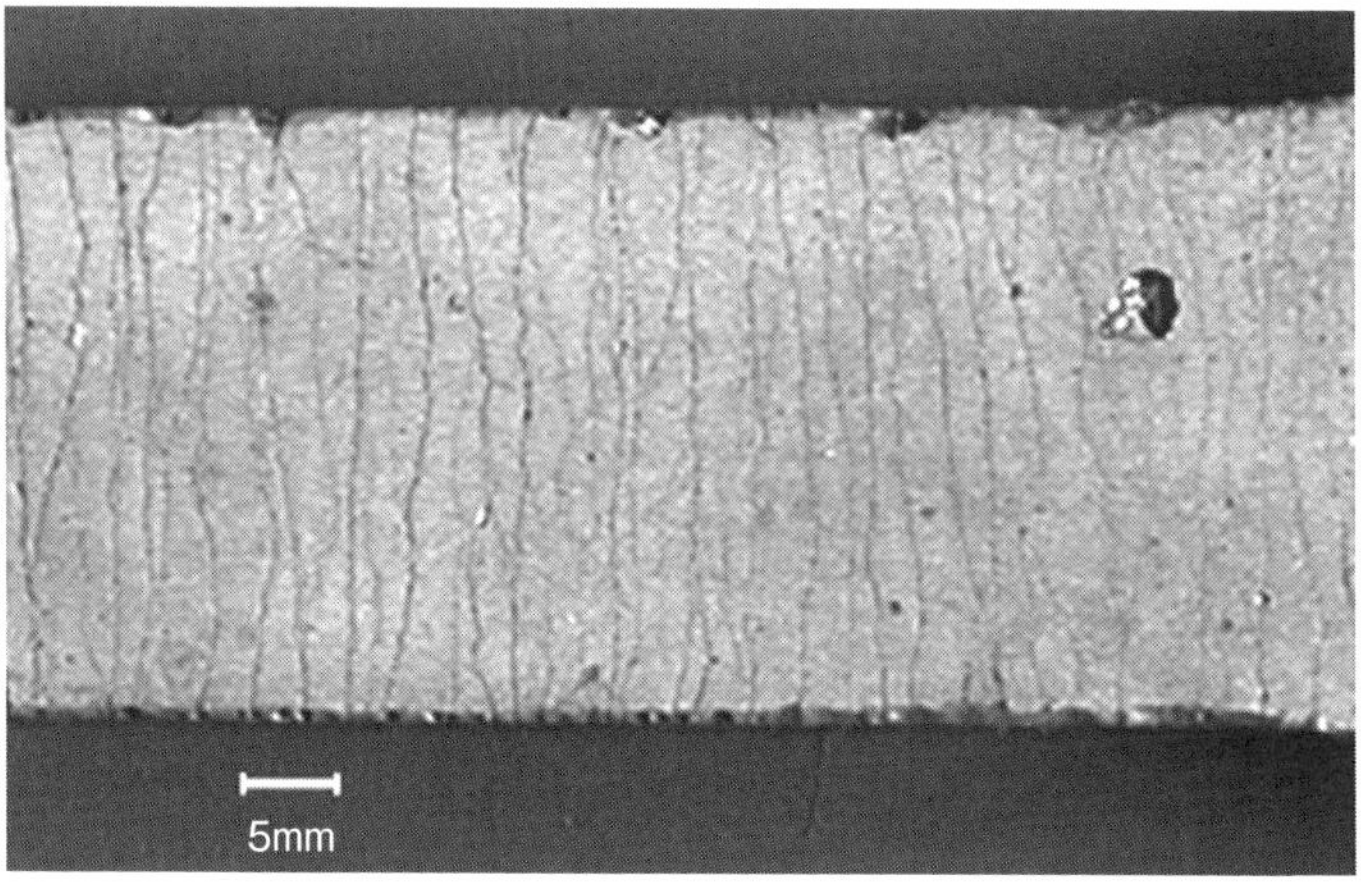

強い曲げや引張力を得るとクラックが発生する。通常のコンクリートではすぐに破壊するが、ECCは近接地に次々に微細なクラックが発生して破壊に至らず、高い靱性を発現する

金属のように曲がるコンクリートは、ECC(Engineering Cementitious Composite)と呼ばれるセメント系材料と補強用短繊維(高強度PVA繊維ほか)を用いた複合材です。1軸方向の引張応力下において最初のひび割れ発生した後も、分散してひび割れが発生して応力が漸増する擬似ひずみ硬化特性を示し、微細で高密度の複数ひび割れを形成する高靭性材料です。

高靭性のメカニズムは、荷重による引張応力がECCの初期ひび割れ強度を上回ると、1本のひび割れが生じます。通常のコンクリートでは、このひび割れが急激に拡大して破壊に至りますが、ECCは繊維によりひび割れを架橋する性能が高く、さらに高い荷重に耐えることができるため、初期ひび割れが破壊的につながることはありません。荷重増加に伴い次のひび割れが生じ、さらに荷重が増加しながら次々と新たな微細ひび割れが多数発生し、これらのひび割れ開口により見かけ上、非常に大きな引張ひずみが生じても大きな荷重に耐え得ることができます。

2007年、国土交通省江別市の美原大橋で、主橋

高靭性セメントボード

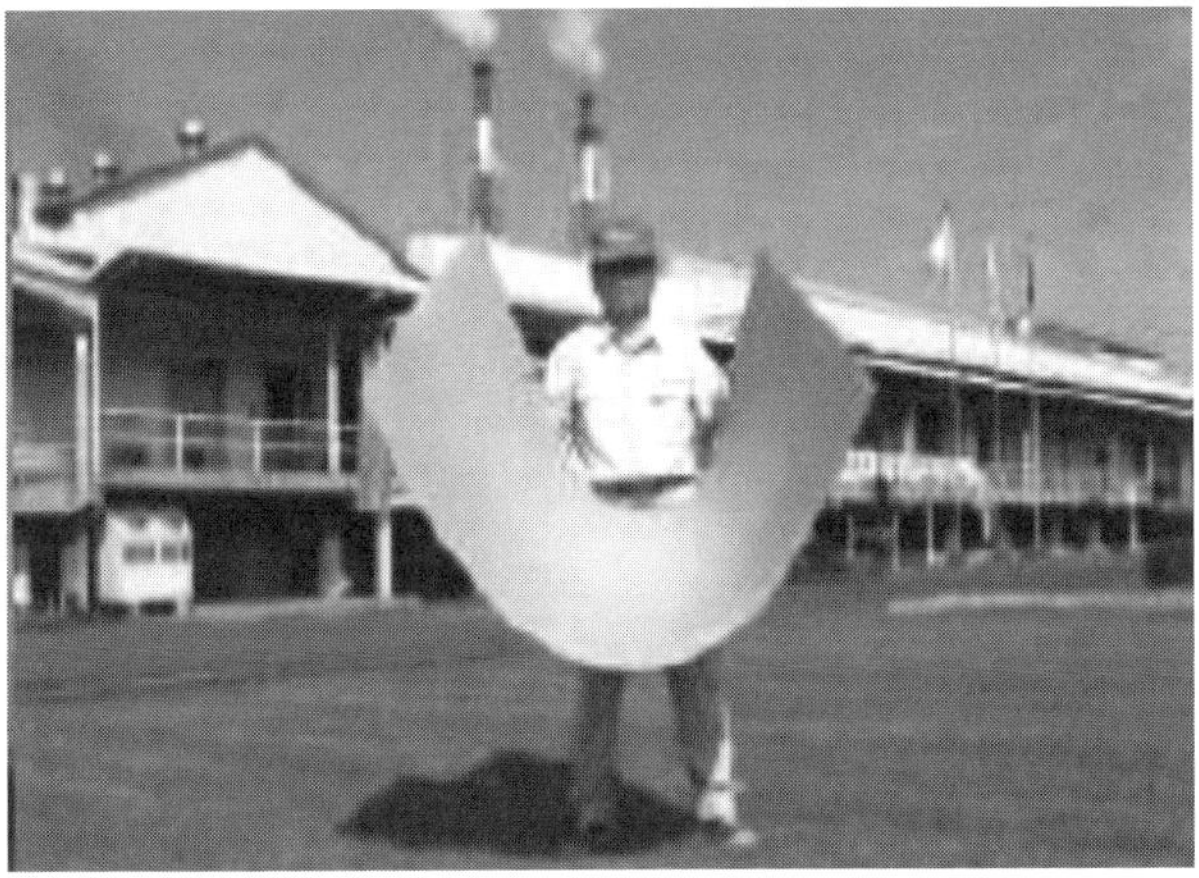

高靭性セメントボードは通常のセメントボードとは異なり、曲げたり鋸で切削したり、釘打ちもできる。クラックの幅が1mm以下のため耐久性にも優れている

梁部の道路床版補強施工にＥＣＣが使用されました。ＥＣＣを鋼床版の上面に打設することで鋼床版の剛性を向上させ、疲労耐久性が確保されました。

また、建築用構造部材として超高層ＲＣ集合住宅「グローリオタワー六本木」と「ナビューレ横浜タワーレジデンス」のコア壁連結梁にＥＣＣが採用されました。地震のエネルギーがそこで吸収され、建築頂部にあった制振装置および外周のコネクティング柱が不要になりました。これによりコクトダウンと工期短縮につながるとともに、柱の位置や外装などの設計の自由度も増えました。これらの特性が認められ、高層建築耐震や新幹線高架橋補修、農水路補修、ダム補修、ため池補修に用途が広がっています。最近では、海外でもＥＣＣの研究が進んでいます。

ＥＣＣの技術を応用した高靭性セメントボードは軽量で、曲げやすい上に、鋸で切削したり金槌で打ち込んだりできるなど加工性が良く、さらに塩害などの耐久性にも優れています。トンネル補修、地下鉄外壁、道路高架橋補修、護岸補修等に幅広く使用されています。

Column

折り紙は繊維の特性を活かして生まれた

日本の伝統文化として親しまれてきた折り紙が、世界の多くの科学者から注目され、活用され始めています。折り紙は1枚の平面から多様な形状を持った3次元の立体をつくり出すことができ、収納時には折り畳むことでコンパクトに収納できる特徴があります。多様な構造をつくり出すことが可能です。

折り紙のルーツをたどると、日本人の工夫で生まれた和紙が思い浮びます。和紙は、繊維が長いため薄くて破れにくく丈夫な紙で、当初は書写が重要な用途でした。しかしその特性を活かし、神事での供物や贈り物などを包む際の儀礼折り、襖、屏風などの住環境にも徐々に広がり、やがて折り方そのものを楽しむ「折り紙」になったものと思われます。寝具を畳んで収納し、和服も畳んで箪笥に仕舞います。すなわち「折り畳む」とは、小さく保管し、大きく使う先人たちからの賜物と言えるでしょう。

こうした日本の伝統文化の中で、折り紙は「小さく畳める」「大きく広がる」、さらには「軽い」という特性を応用し、人工衛星の太陽電池パネル、軽くて丈夫な素材を用いた航空機部品などへ用途が広がり、また建築分野や再生医療分野でも研究が進んでいます。

折り紙の山折・谷折りという伝統的な折り技術と、折りパターンの幾何学的計算やコンピューターシミュレーション技術との融合により、複雑な形状を1枚の紙で作成できるようになり、数学・情報・材料・建築・デザインなどさまざまな分野で「折り紙（ORIGAMI）工学」として、研究が行われています。

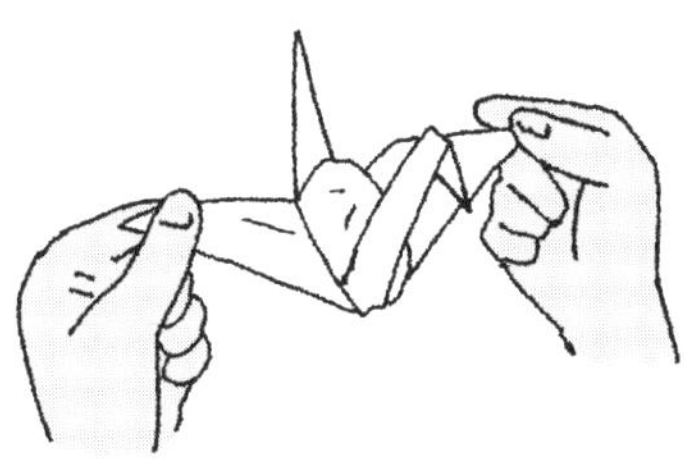

第4章

未来に活躍する繊維

38 人工クモの糸の驚くべき強さ

―世界で初めて工業化に成功―

今、「クモの糸」が注目され、これを人工的につくるべく世界で研究が行われています。「クモの糸」をつくってどんな意味があるのと不思議に思うかも知れません。でも、芥川龍之介著の「蜘蛛の糸」の中でお釈迦さまが、生前にクモを助けたことがある悪人を地獄からクモの糸を使って救い上げたように、大変強い糸として知られていたのです。

たとえばダーウィンダークスパイダーというクモの糸は、重量当たりの強度はアラミド繊維や炭素繊維に及ばないものの、高張力鋼の約7倍、糸の切れにくさを示すタフネス（強伸度積）では、伸度が大きいせいもあって340倍に達しています。

このため世界中の研究者が、これを人工化しようと数十年も開発競争をしてきました。しかし、コストや安全性の克服が難しく、工業化には至っていませんでした。

そんな中、山形県にある日本のベンチャー企業が、長い間培ってきた知識や技術を武器に実現したのです。「クモの糸」の原料であるたんぱく質のアミノ酸の配列を微生物がつくりやすい形に組み替えたり、たんぱく質の遺伝子を人工的に合成して微生物に組み込んだり、日本古来の発酵技術を活用してたんぱく質の生産効率を高めたり、たんぱく質を繊維化する技術を確立したりなど、さまざまな技術を積み上げることで課題を克服し、世界で初めて工業化に成功しました。

そして、同じ山形県の自動車部品メーカーと連携して同県内に工場を設立し、2013年に月間100kgの生産体制を整え、自動車部品や医療素材、その他の分野へ用途と生産量の拡大を図っています。

こうして生産された「人工クモの糸」は、さっそく

糸物性比較

素材	タフネス（MJ/m^3）	強度（g/d）	伸度（%）	密度（g/cm^3）
人工クモの糸	207＊	—	—	—
クモ糸シルク	116＊＊	—	—	—
アメリカジョロウグモ	112＊＊	10.5	17＊	1.3＊
ダーウィンダークスパイダー	354＊	14.4	52＊	1.3＊
アラミド繊維	51＊＊	29.1	2.7＊	1.4＊
炭素繊維	25＊＊	25.2	1.3＊	1.8＊
高張力鋼	6＊＊	2.2	0.8＊	7.8＊

出所：生物研プレスリリース、2016年8月27日、Spiber社HPをもとに作成

人工クモ糸を使ったアウタージャケット試作品

提供：ゴールドウイン

スポーツ用品メーカーによって世界初の「人工クモの糸」によるアウタージャケットに仕立てられました。

　なお、「クモの糸」の原料であるたんぱく質は、20種類のアミノ酸が数十〜数千個も直鎖状に結合した分子構造を持ち、その組合せは20の３０００乗にも及ぶと言われています。すなわち、その分子構造をいろいろ設計できるようになると、「クモの糸」以外にも多様な素材ができるようになります。有限であって環境負荷の大きい化石原料とは異なり、持続可能で環境負荷が小さい、しかも生体適応や生分解性などにも優れた新しい原料として、今後の進展が大いに期待されています。

　このほか、農業生物資源研究所（現在は農業・食品産業技術総合研究機構に統合）でも14年に、カイコにクモの遺伝子を導入することでアメリカジョロウグモに匹敵するタフネスを有した「クモ糸シルク」を紡ぐことができるカイコの実用品種化に成功しました。量産化技術の確立と、手術用縫合糸など医療素材をはじめ他分野への用途拡大も進み、さらなる展開に注目が集まっています。

39 繊維でつくった人工血管
―人や動物の血管に代わって大活躍―

血管を再生するには、まずは自身の血管を移植するか、それがダメな場合は他者から血管を譲り受けるか、場合によっては動物の血管が代用されてきました。しかし、1950年代になると人工による血管が出現しました。それ以来、人工血管は急速に進歩し、今では合成繊維か天然繊維の絹などでつくられたものが広く普及するなど、人命の救助に大いに役立っています。

人工血管には生体に対する適合性をはじめ、使用中の変形や劣化、血栓の付着などに耐える耐久性、患者や適用箇所に対するサイズや形状の汎用性、手術操作や保管などに対する取扱性、さらには経済性など多岐にわたる特性が求められます。これらは改良や新技術によって常に進歩しており、安全性や適応範囲は当初に比べると格段に向上しています。

現在、繊維でつくる人工血管の素材としては、ポリエステルやポリテトラフルオロエチレン（通称テフロン）などによる合成繊維が主流です。最近は、天然繊維の絹を用いた人工血管が注目されています。

主要素材であるポリエステル繊維は、手術時の操作性は良いですが、血管の太さが8㎜より細い中小口径になると血栓がつきやすく、まだ改良が十分ではないため、主として胸腹部大動脈など直径が10㎜を超える大口径の人工血管などに使われています。

なお、この製品には織物と編物の形態があり、適用部位により主として強度が必要な場合には織物製、柔軟性が必要な場合には編物製が使われます。

またテフロンは、ポリエステル繊維に比べて手術時の操作性は劣るのですが、血栓がつきにくい特性があるため、大腿動脈や鎖骨下動脈など、ポリエステル繊維品より細い直径が6㎜から10㎜までの中口径の人工

ポリエステル繊維製人工血管

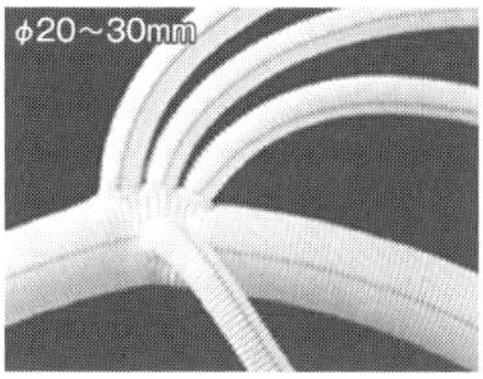

10mm以上の大口径用として適用される
提供：日本ライフライン

PTFE繊維製人工血管

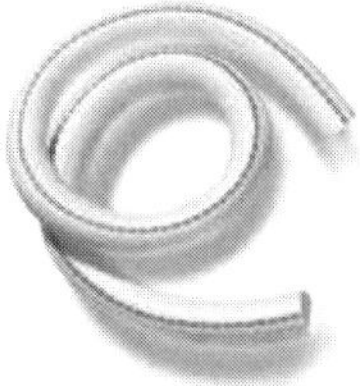

延伸多孔質PTFE（ポリテトラフルエチレン）を使用。6～10mmの中口径用
提供：テルモ

シルクを用いた人工血管用基材

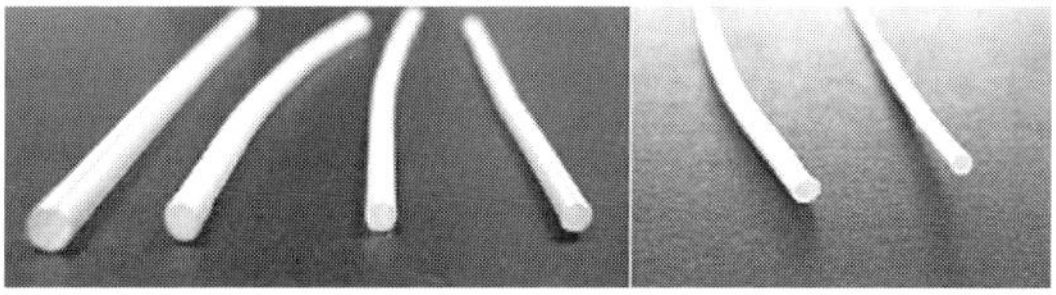

口径は4mm以下という細さ（小口径用）
提供：東京農工大学工学部生命工学科朝倉研究室

血管用に使われています。

一方、直径が6㎜以下の小口径の血管となると、これまでは対応できる人工血管がなく、自身の正常な部位から切り取って使うしかありませんでした。

しかし最近、天然繊維の絹を使うと、小口径にしても血栓がつきにくいことがわかり、注目されています。

これが実現すると、心臓の冠状動脈や膝下動脈、上腕動脈など小口径の血管に適用でき、治癒領域の拡大が期待されます。ほかにも、絹が経時で生体組織に置き代わる特性を持つため、合成繊維製のようにいつまでも分解されず体内に残り、一定期間ごとに新しい人工血管に取り換える必要がなくなるというメリットも期待できます。

この研究は東京農工大学と徳島大学、順天堂大学などが共同して開発を進めています。また同研究グループと共同して、大手のニット製造会社がダブルラッセル編機の立体編みを応用し、絹を縫い目のない筒状に編んだり、直径が1・5㎜ほどの極細サイズに編製する技術を開発し、製品化と製造技術の確立に取り組んでいます。

40 火星に探査車を着陸させたパラシュート
─宇宙でも日本製ハイテク繊維が大活躍─

2011年11月に、NASAは火星に探査衛星を打ち上げました。その9カ月後の12年8月、探査車を無事着陸させるのに成功しました。この探査車は全長3m、重さ900kgで1日200m移動でき、走行しながら周囲の地形や地表の様子を鮮明な画像で撮影したり、大気や土、岩石などを採取して分析したりして、貴重なデータを地球に送り届けています。

そのデータからは、湖や河床、有機化合物の痕跡がすでに確認されており、数十億年前は温暖で水や大気があり生命を育むのに適した環境だったことや、今は大気が薄くかつ自然放射線量が高くなって生命が生息するには厳しい環境に変わったことがわかるなど、貴重な成果がもたらされています。

またこの探査車には原子力電池が積まれていて、今後もしばらくは貴重なデータが地球に届くはずで、その解析結果に期待が集まっています。

ところで、精巧で重い探査車を、どのように大気が薄く減速制御が難しい火星に軟着陸させたのでしょうか。NASAはさまざまな研究や実験を重ねた末、探査車を大気との摩擦熱に耐えられる耐熱性のカプセルに収容し、5～6km／秒の速度で火星の大気圏に突入後、その速度がマッハ2以下に減速する高度7km付近で超音速に耐えるパラシュートを開くことを思いつきました。パラシュートを開くことで速度を大きく減速させ、速度が約100m／秒、高度が約1・8kmに達したところでそのカプセルを切り離し、ロケットエンジンを噴射して地表約10m付近に停滞させるのです。そこからクレーンを使って探査車をケーブルで吊るし、軟着陸を確認してそのケーブルを切断する、という複雑で精密な制御技術を構築し、今回それを見事に成功

火星軟着陸用超音速パラシュート

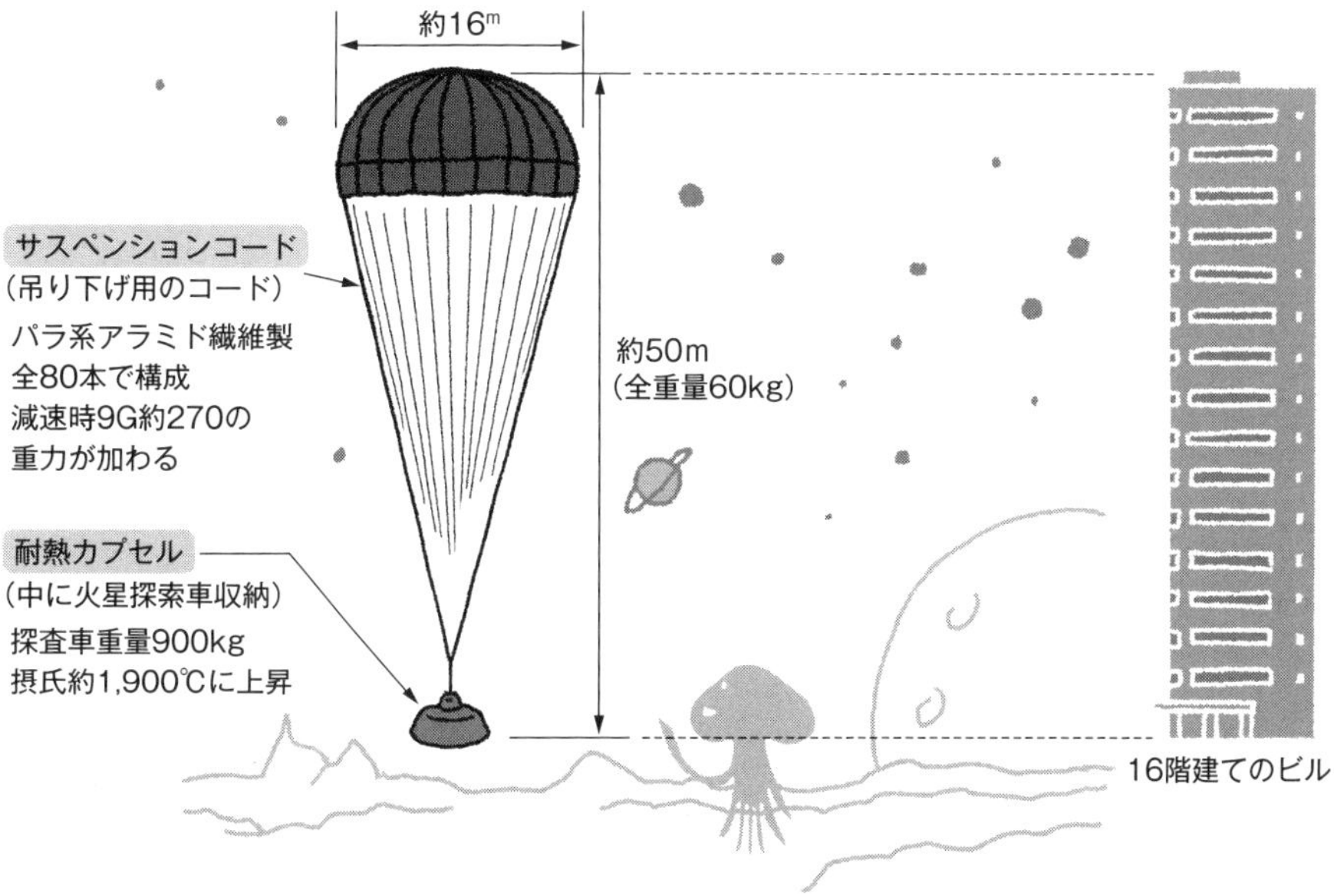

させました。

　このような計画に確実に応えられるパラシュートとして、直径約16m、長さ約50m、コード本数80本というこれまでにない超大型のパラシュートが設計されました。なお、計画では減速時に９Ｇの27tもの重力がかかると計算され、この強度に耐えられかつ軽量性や柔軟性、耐熱性、寸法安定性などの要求特性も満足する素材が求められました。その結果、パラ系アラミド繊維が選定され、中でも要求特性を十分満足したものとして、日本の合成繊維メーカーである帝人が生産する繊維が採用されたのです。同繊維は１９８７年に登場し、高強力、ハイモジュラス、耐熱性のハイテク繊維として幅広く使用されています。

　日本製のハイテク繊維は、97年7月に、火星探査車をクラレ製のポリアリレート繊維を使用したエアバッグに包んで火星に無事着陸させているほか、04年１月にも、火星探査車を東洋紡製のＰＢＯ繊維を使用したスリングベルトで吊るして火星に無事着陸させるなど、宇宙でも大活躍をしています。

41 光が透過する〝見えない〟繊維
―波長より細くすれば透明になる―

繊維の世界では、最も細く優雅な繊維として昔から絹がもてはやされ、シルクロードで知られているように危険な旅をしてまでも求められてきました。このため、19世紀頃に欧米で有機化学や高分子化学が起こると、すぐに絹を模した細い繊維が研究され始めました。そして1884年にはシャルドンネ（仏）が人造絹糸を、また1936年にはカローザス（米）が合成繊維のナイロンを開発し、以来繊維のさらなる細さへの追求が始まったのです。

すなわち、絹の細さは直径が約10㎛程度ですが、70年頃には合成繊維により2㎛程度まで細くなり、極細繊維と称されて人工スエードやメガネ拭きなどに使われました。その後2000年代に入ると、これらの用途が広がるとともに、さらに細いナノメートルの水準にまで細くできるナノファイバー技術が出現しました。

主な例を以下に示します。

①極細繊維の製法の1つである異種ポリマーを海島状に複合紡糸した後、海成分を溶解する技術をナノメートルの細さまで高め、かつ海島の配列や形態まで制御できるようにした海島複合紡糸技術

②アメリカで発明され、生物兵器などから身を守る防護服の製造技術として進化した、溶剤で希釈したポリマーを高電圧による静電気力で噴射してナノファイバー化するエレクトロスピニング技術

③カーボンや金属を化学的にナノファイバー状に結合したり、フィルムに蒸着してエッチングによりナノファイバー化したりする技術

④樹木やカニの殻などを薬品などとすりつぶしたり、分解・解繊したりしてナノファイバー化する技術

このように、さまざまな技術が産官学連携などによ

り、次々に開発されています。

ナノファイバーは、数～数百nmの水準まで細くなると可視光線の波長（約400～800nm）より細くなることから、光のほとんどが反射したり屈折したりすることなく透過し、透明になって見えなくなります。そこで今、この性質を利用したこれまでにない新しい用途や商品がいろいろと開発されつつあります。

たとえば、セルロースナノファイバーによる不織布状の紙は透明です。また、透明な紙に金属のナノワイヤーなどを張ったものは導電性があり、ELディスプレイ（電圧で発光する版）や太陽電池などに利用されています。また、セルロースナノファイバーによる3次元の構造物（エアロゲル）は、高い空隙率と内部表面積、光透過性などを有す特異な構造体としてその活用法が注目されています。

このように、ナノファイバーは新しい可能性を無数に秘めた素材であり、今後の発展が世界的にも大いに期待されています。

透明な紙

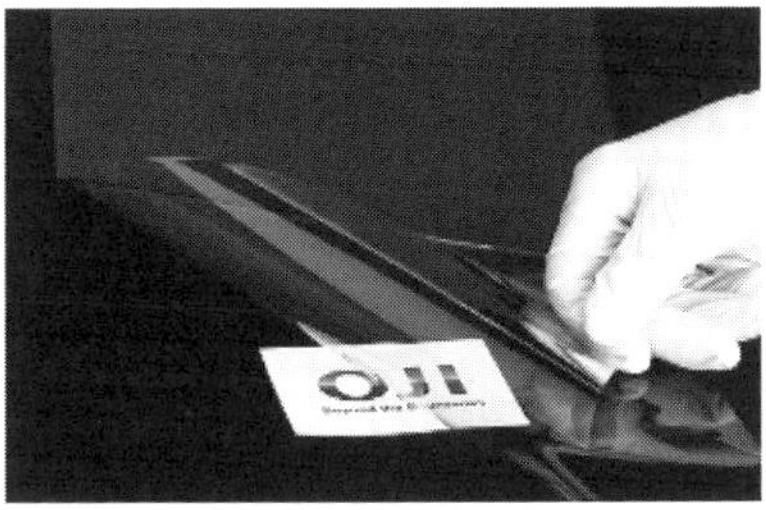

提供：王子ホールディングス

透明導電紙を使った太陽電池

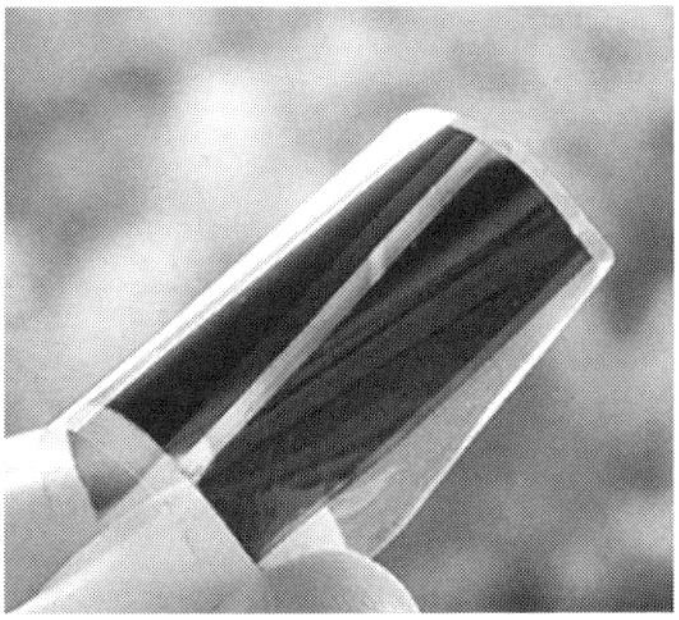

提供：大阪大学産業科学研究所
セルロースナノファイバー
材料研究分野

セルロースナノファイバーによるエアロゲル

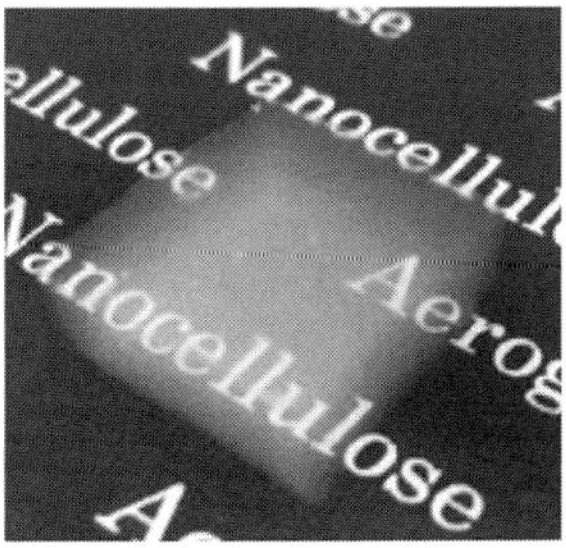

90%以上が水

提供：東京大学大学院農学生命科学研究科齋藤継之准教授

42 海水から金属を回収する繊維

─鉱物資源小国に朗報─

海洋にはマンガンやバナジウム、モリブデン、ウランなど希少金属が大量に含まれています。海水1t当たり2～3㎎存在するウランは、世界の海水量から換算すると45億tに達すると言われ、鉱石としてのウラン埋蔵量の約1000倍に相当します。

このような希少金属を回収する繊維が開発されています。すなわちポリエチレン（PE）やポリプロピレン（PP）繊維を基材として、電子線グラフト重合により基材に多くのウラニルイオンを捕集する官能基（アミドキシム基）を導入した繊維です。

金属イオンを回収するシステムの詳細についてですが、繊維に電子線を照射して活性化させた後、グラフト重合と呼ばれる特殊加工で吸着基（官能基）を形成し、金属イオンが吸着しやすい構造とします。次いで海水に浸漬させ、効率的に金属イオンを捕集し、pH調整などを実施して金属イオンを離脱させます。多種類の吸着基をグラフト処理することで、回収したい金属イオンを選択的に吸着・離脱させることに成功したのです。

このようなウラン回収繊維を用いた海洋実験が日本原子力開発機構の委託を受け、青森県むつ市の沖合で三井造船昭島研究所により進められました。1999年には同所で、浮体係留方式（布状捕集材をステンレス製かごに充填し、海面下に設置）という手法による海洋試験を実施し、1kgのウランやバナジウムを回収することに成功しています。この浮体係留方式では、係留にかかる費用が全体の8割を占めるほどの大がかりな設備が必要である上に、生け簀のように海面に浮かばせるため、船の航行などの安全を完全に担保できるものではなかったのです。

海水に含まれる希少金属

希少金属資源名	海水中濃度（mg/t）	推定溶存総量（億t）	海外依存量（%）
コバルト（Co）	0.1	1	100
イットリウム（Y）	0.3	3	100
チタン（Ti）	1	15	100
マンガン（Mn）	2	30	90
バナジウム（V）	2	30	100
ウラン（U）	3	45	100
モリブデン（Mo）	10	150	100
リチウム（Li）	170	2,330	100
ホウ素（B）	4,600	63,020	100
ストロンチウム（Sr）	8,000	109,600	100

出所：「FUTURE TEXTILE―進化するテクニカル・テキスタイル―」、堀照夫監修、"3-2-6 ウラン・貴金属捕集"、繊維社企画出版、2006年、p.183

電子線グラフト重合

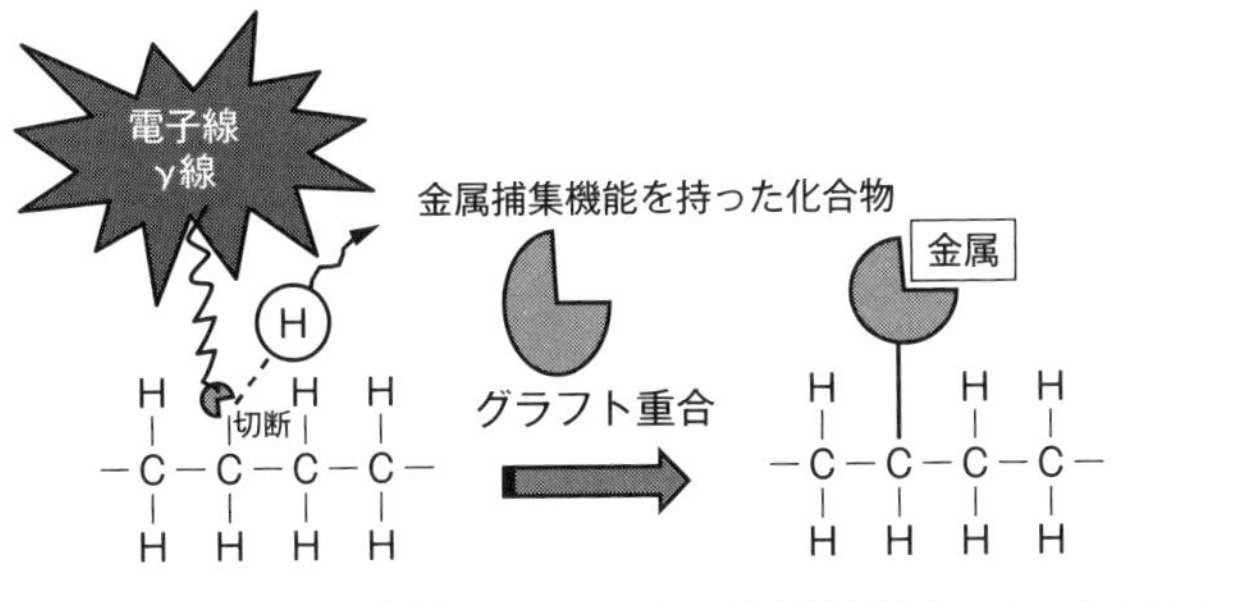

モール糸

芯糸と花糸からなり、2本の芯糸の間に花糸をはさんで撚りをかけてつくる糸。モール飾りに似ており、モール糸と呼ばれる

モール状捕集材

捕集機能と係留機能を一体化

出所：GEPR、瀬古典明、2013年

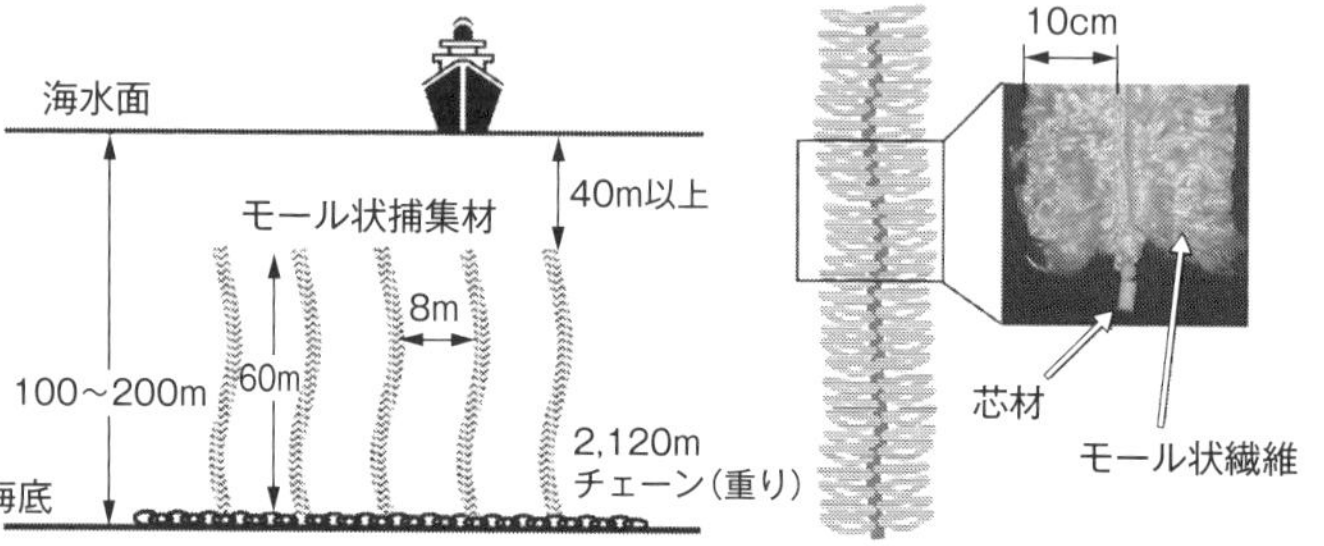

出所：日本原子力学会和文論文誌、玉田・瀬古、Vol.5 No.4、2006年、p.358を改変

回収コストの大半を占める係留費を低減させるため、捕集材自体に捕集機能と係留機能を一体化させたモール状捕集材を考案して検討を進めました。海洋試験は、温暖でプランクトンが少なく、微生物による捕集材の目詰まり影響が低いという予想の下で、性能の向上が見込める沖縄海域に移して実施しました。

沖縄海域の海水温は30℃で、青森海域より10℃高いことから、青森海域でのモール状捕集材性能2・0gウラン／kg-捕集材と比較すると、10℃の海水温上昇で捕集性能は1・5倍向上することがわかりました。また捕集材の形状を改良したことにより、青森海域での浮体係留方式捕集性能0・5gウラン／kg-捕集材と比較すると、捕集性能は3倍以上向上したことになります。

浮体係留方式とモール状捕集材の立ち上げ係留が障害となる漁業には、定置網や養殖生け簀などがあります。移動しながら操業する延縄《はえなわ》漁、底引き網漁、刺し網漁、巻き網漁などには、捕集材の係留海域との調整が不可能ではないと考えられます。通信・電力関係の海底ケーブルは、敷設や引き上げが頻繁に行われることはなく、2〜3カ月ごとに引き上げる捕集材の係留とは共存可能と考えられます。

海水中からの希少金属を回収するための海洋試験では、魚介類への影響が懸念されます。青森海域の試験においては、捕集材を充填した係留索などに海藻類が固着することや、アンカーなどにも貝類が生存していることが確認されました。さらには、捕集材を引き上げる際に捕集材の中から魚も現れ、まさに漁礁であったことが確認できています。

また、沖縄海域での試験では捕集材のつなぎ目にイカが卵を生みつけており、魚の産卵場や稚仔魚の成育の場になり得ることも確認できています。モール状捕集材は、好漁場の要素として挙げられ、渦流がロープの周囲に生じ、魚類が滞留しやすく、外敵から身を守る構造であることから、まさに漁礁に適した設計になる可能性が高いのです。

こうした実験結果を見ると魚介類への悪影響は考えにくく、捕集の規模の拡大や捕集技術のさらなる向上によって、将来的にはウランは1kg当たり数万円まで採取コストを下げることは可能でしょう。

ウランの自給がほぼできない日本の現状を考えれば、無尽蔵と言える海水からのウラン採取は、原子力を利用するに当たって有効な手段になるはずです。

また、海水に溶けているウラン以外のバナジウムやニッケル、コバルトなどのレアメタルも、実験室レベルでの捕集技術が確立されています。

近年、クラレと福井大学が、鞘部がエチレン・ビニルアルコール共重合体、芯部がポリエステルで構成された芯鞘複合繊維からなり立体的な繊維構造を持つ不織布に、電子線グラフト重合を施す技術を確立しました。この複合繊維は電子線グラフト重合しやすく、希少金属をより効果的に捕集できます。

福島原発事故以降、原発停止を余儀なくされていますが、放射性セシウムをモール状捕集材で除染する技術が環境浄化研究所などで開発されています。地球温暖化の中、炭酸ガス排出抑制に向けて原子力エネルギーの位置づけは重要であり、日本を取り巻く排他的経済水域EEZにおける希少金属捕集技術の確立は、ウランや希少金属の輸出など日本の新しいビジネスチャンスにもつながります。

43 樹木や雑草から軽くて強い万能材料が生まれる
―緑の多い日本は資源国入りなるか?―

日本は、地理的に温暖な気候と水に恵まれた国です。文化的にも自然を大事にしてきたため、森林が国土の約7割をも占め、緑が多く育ちやすい世界でもまれな森林国と言えます。

今、その「緑」が、「夢の素材」になるかも知れないとの研究成果が続々報告され、大きな関心を集めています。その1つが2001年頃、京都大学生存圏研究所の矢野浩之教授を中心とするグループによる研究成果です。

樹木のセルロースをナノサイズまで細く解きほぐすことで、高性能繊維として知られる炭素繊維やアラミド繊維に匹敵する3GPaもの強度が得られることを突き止めたのです。これを機に、世界的に注目されるようになりました。今では、これが鋼鉄の1/5の軽さで鋼鉄より強い強度を持ち、しかも環境負荷の少ない持続型資源ということで、次世代の補強用繊維として世界中で研究されています。

なお、樹木の成分は約半分がセルロースで、残りはヘミセルロースとリグニンなどです。このセルロースを漂白したものがパルプになり、これをさらに細く解きほぐすとセルロースナノファイバーになります。

パルプを細く解きほぐす行為は以前から行われてきましたが、ここまでの性能はありませんでした。繊維幅が数~数十㎚のミクロフィブリルと呼ばれる単位まで均一に解きほぐすことにより、初めて上述したセルロースナノファイバーが得られます。

日本は国土の約7割が緑に覆われており、この原料になる樹木は毎年1500万tも増え続けています。これは、日本で消費されている石油由来のプラスチック1000万tの約1・5倍の量に匹敵します。しか

各種高性能繊維の物性比較

物性＼繊維素材	セルロースナノファイバー	パラ系アラミド繊維	PAN系炭素繊維	高張力鋼	ガラス繊維
密度（g/cm^3）	1.5 ＊	1.4	1.8	7.8	2.6
強度（GPa）	3（推定値）＊	3.1	3.5	0.6	3.5
伸度（%）	—	3.0	1.5	0.8	4.8
弾性率（GPa）	140 ＊	100	220	200	74
熱膨張率（ppm/K）	0.1 ＊	−3.5	0	11.7	5

出所：京都大学生存圏研究所生物機能材料分野 HP

高性能繊維として知られている炭素繊維やアラミド繊維に匹敵するような軽くて高強度を有した新しい材料が植物から出現

も樹木だけでなく、すべての植物が原料になるということで、日本が一躍、資源国になれるかも知れないという夢のような可能性を秘めた話です。

一方、世界規模で利用可能な植物資源の量は、京都大学の矢野教授によると約1兆8000億tにもなるそうです。これは原油の埋蔵量約1630億tの10倍以上に匹敵し、しかも持続可能な原料であるため、世界が目の色を変えて注目するのも当然です。

セルロースナノファイバーの用途の1つに、その細さを可視光線の波長（約400~800㎚）より短い100㎚以下の水準まで細くすると、光が反射したり屈折したりせずに透過するため透明なものができることは前述しました。ほかにも、原料が植物由来のため生体適合性に優れたものができるとか、食品や化粧品などの増粘剤に使える、微細孔を有した多孔膜ができるなど有効な特徴を持っています。さまざまな用途に展開できそうなことから、多方面で注目されています。

一方、セルロースナノファイバーを製造する方法としては、パルプに水や薬品を混ぜて高速でぶつけ合ったり、すりつぶしたりして繊維を細く解繊する方法が

セルロースナノファイバー出願人国籍別出願件数

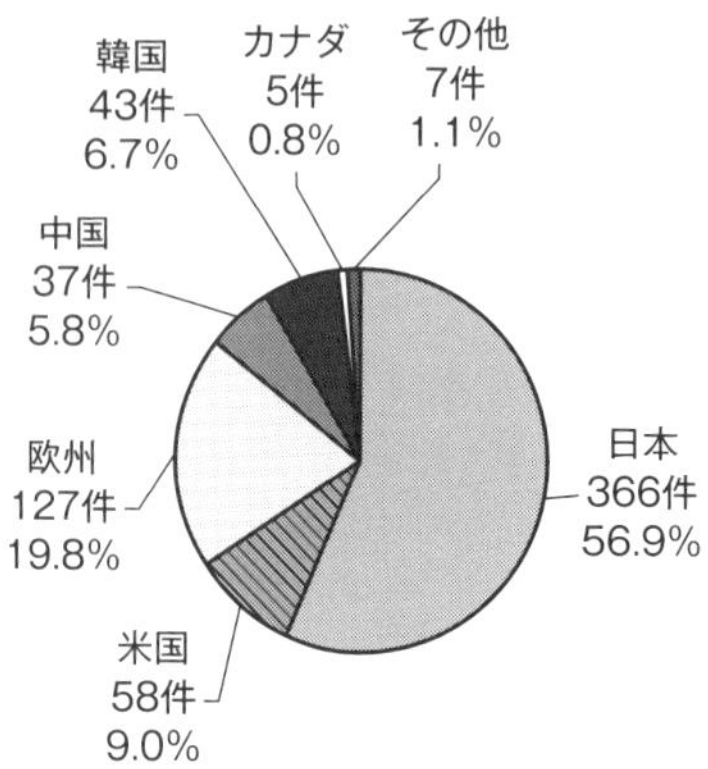

出所：経済産業省HP

セルロースナノファイバーの用途

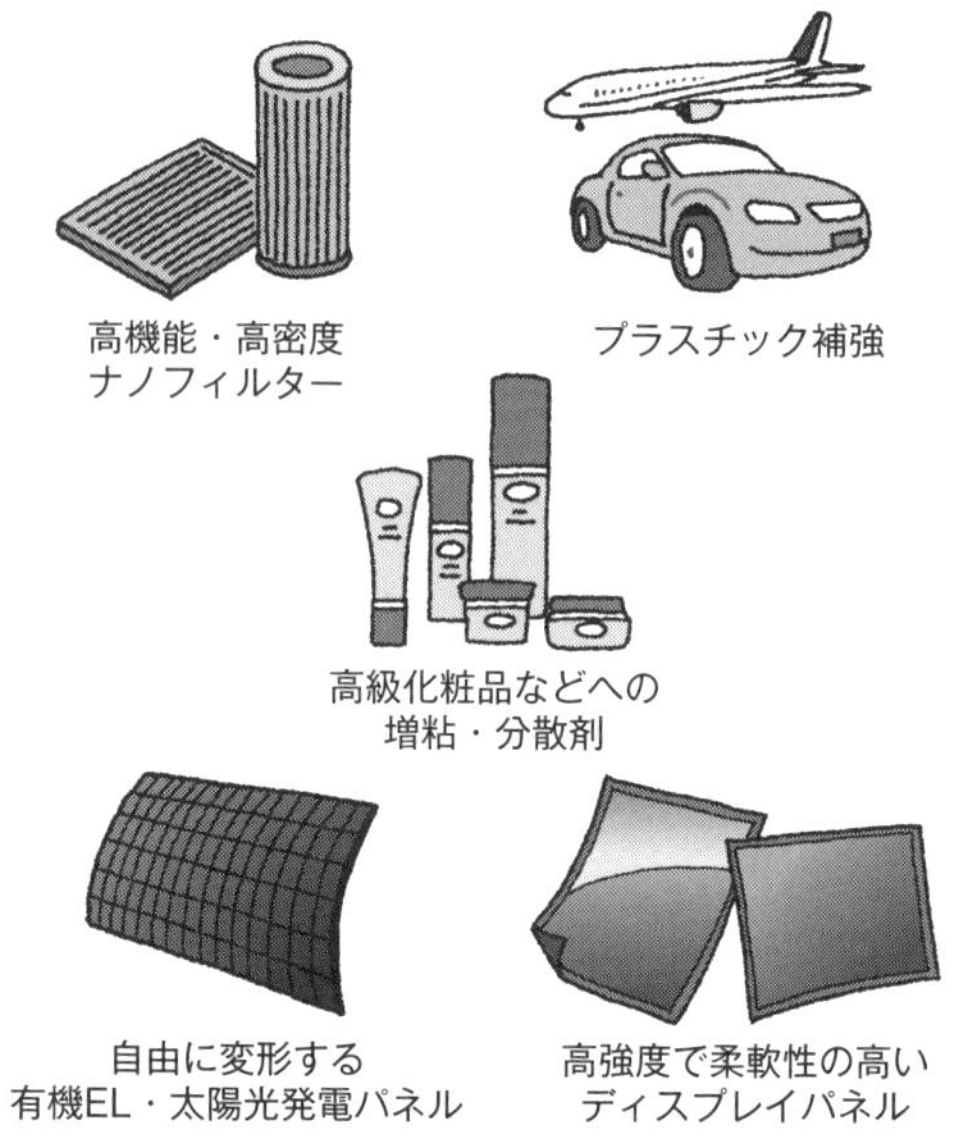

提供：王子ホールディングス

一般的です。後工程で解繊した繊維をを樹脂に混ぜるのに複数の化学処理を要するため、これまで製造コストが1kg当たり約1万円と高くついていました。

しかし最近、産官学連携によりパルプをシート化して特殊な化学処理を施し、これを細かく解繊して樹脂に混ぜ合わせるという方法が開発されました。同方法を使うと、パルプのナノレベルへの微細化や樹脂への混入精度が向上して強度が向上し、製造工程が簡素化してコストが下げられることがわかってきたのです。

またこの方法で量産が進むと、樹脂コストを除いて約1000円／kg程度に安くできる見通しも得られています。将来的には500円／kg程度まで安くし、セルロースナノファイバー関連の市場規模を、1兆円／年まで高める計画が立てられ、進められています。

ところで、セルロースナノファイバーに関する特許の出願状況は、日本の出願件数が世界の中でも圧倒的に多く、冒頭に述べた資源国になれるかも知れないという夢も、遠からず現実のものになりそうです。

このような夢のある背景もあり、研究は当初の京都大学生存圏研究所を拠点とした体制から産官学連携体

セルロースナノファイバー製造コストの目標

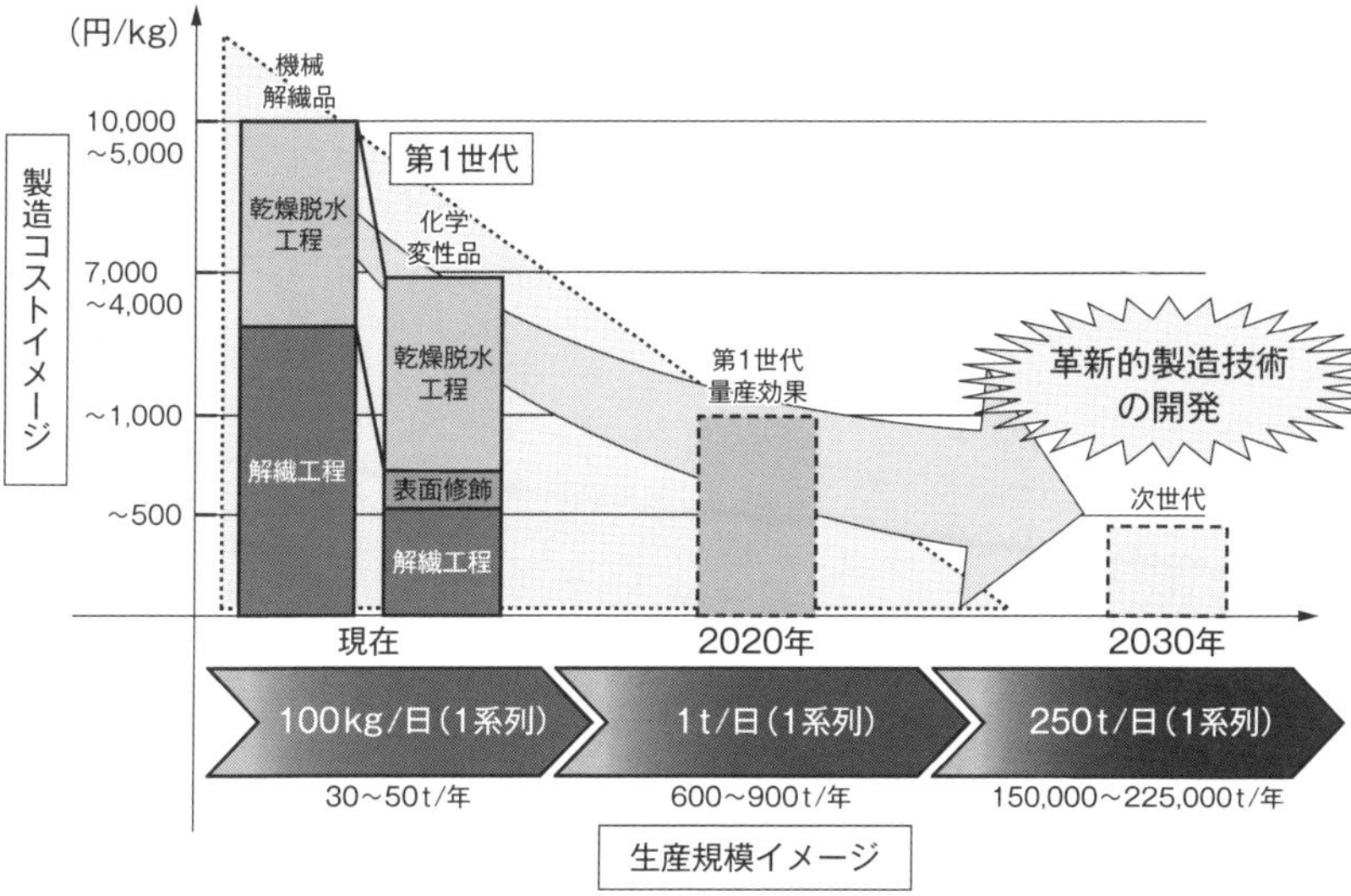

出所：経済産業省HP

制に発展しています。さらに、経済産業省による幅広い業種での実用化や国際標準化対応を目指したオールジャパン体制でのコンソーシアム「ナノセルロースフォーラム」も設立。現在は、より広く高度な産官学連携による製品化・実用化段階へと移行しつつあります。

具体的には、セルロースナノファイバーの原料メーカーや公的研究機関（京都大学、東京大学、大阪大学、愛媛大学、京都市産業技術研究所、兵庫県立工業技術センター、産業技術総合研究所ほか）、ユーザー企業（自動車、電子機器、車両、精密機器、スポーツ用品ほか）などの連携による商品、実用化、技術革新などのプロジェクトが進行し、成果が期待されています。

一口メモ

高性能繊維は、石炭や石油を原料に、複雑な化学反応を駆使して生まれたため、これらの化石原料がなくなると、つくれなくなります。しかし、ナノロルロースファイバーは、今ある植物が原料で、なくなることはありません。そのうち今、問題とされているCO_2からも高性能繊維がつくられるようになるかもしれません。

44 地球温暖化防止に貢献するカーボンファイバー ―炭酸ガス削減は車の軽量化で―

気候変動に関する政府間パネルの報告書（2013～2014）によれば、世界の平均気温は、産業革命以降の約130年間で0・85℃上昇したとのことです。このまま有効な温暖化対策を取らなければ、21世紀末には、2・6～4・8℃上昇すると予測されています。

これに対して、地球温暖化ガスであるCO_2の削減が世界中で取り組まれています。中でも自動車の排ガス削減、すなわち燃費向上は重要な課題で、日欧米での排ガス規制は年々厳しくなっています。最近では、新興国でも排ガス規制が進んでいます。

自動車の排ガス減少には、動力源の改良か新規開発のほか、走行抵抗の減少とともに車体の軽量化が有効な手段です。重量10％の軽量化で燃費が6～8％向上することが、過去のデータから判明しています。また100kgの軽量化は、炭酸ガス発生量の10％削減になるとのデータもあります。

自動車の軽量化に対して、大きな役割を果たすのが炭素繊維（カーボンファイバー）です。炭素繊維は、炭素が90％以上からなる繊維のことを言います。比重が1・8～2・0で、鉄の7・82に比べて約1／4、アルミニウムの2・8に比して2／3です。

細くて長い炭素繊維を用いて、2次元もしくは3次元形態の自動車用部品を製作するには、他材料との組合せによる複合材料（コンポジット）にする必要があります。炭素繊維を用いた複合材料としては、樹脂（プラスチック）との複合材料（炭素繊維強化プラスチック：CFRP）が最も進んでいます。

比重の小さい炭素繊維と樹脂を組み合わせることにより、剛性に優れた軽量な部材をつくることができま

各国の排ガス規制

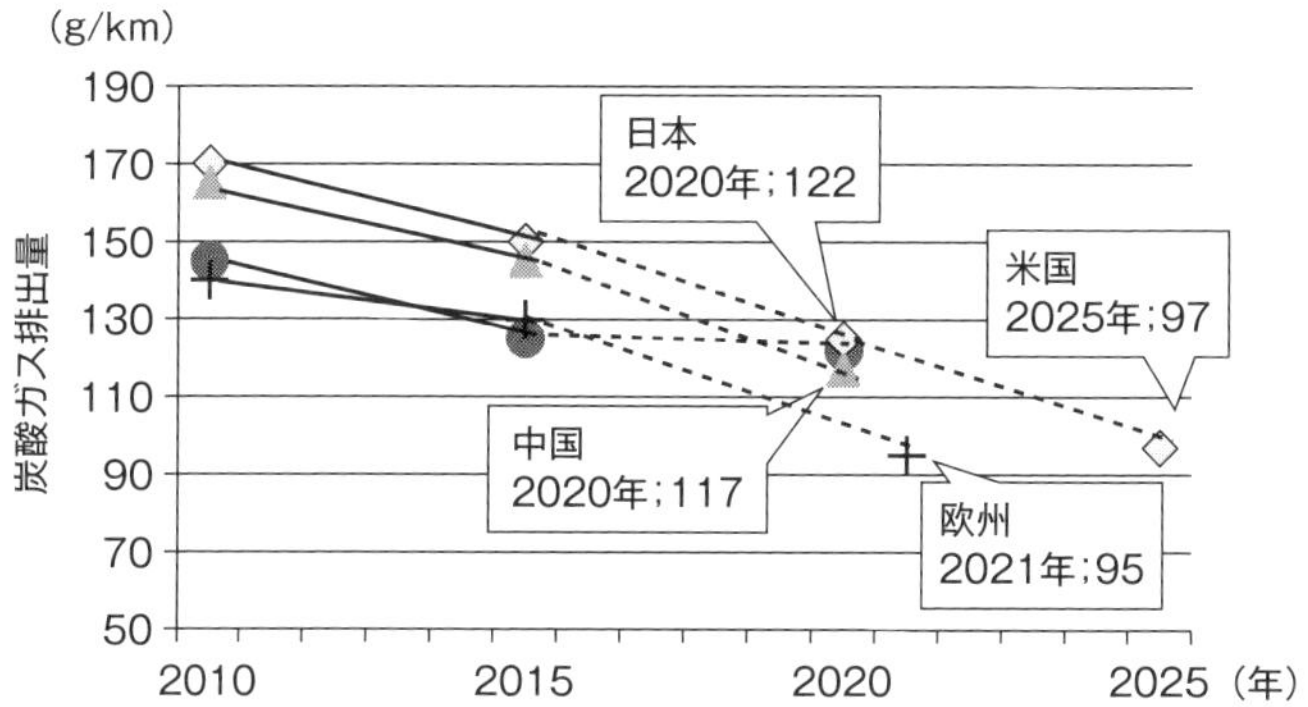

出所：ICCT；"Policies to reduce fuel consumption, Air pollution,and Carbon emissions from Vehicles in G20 nations" (May 2015)

乗用車のCO_2排出量規制が世界中で厳しくなり、
2025年には現在の約半分以下に抑える必要がある

等価剛性での各種材料の軽量化効果

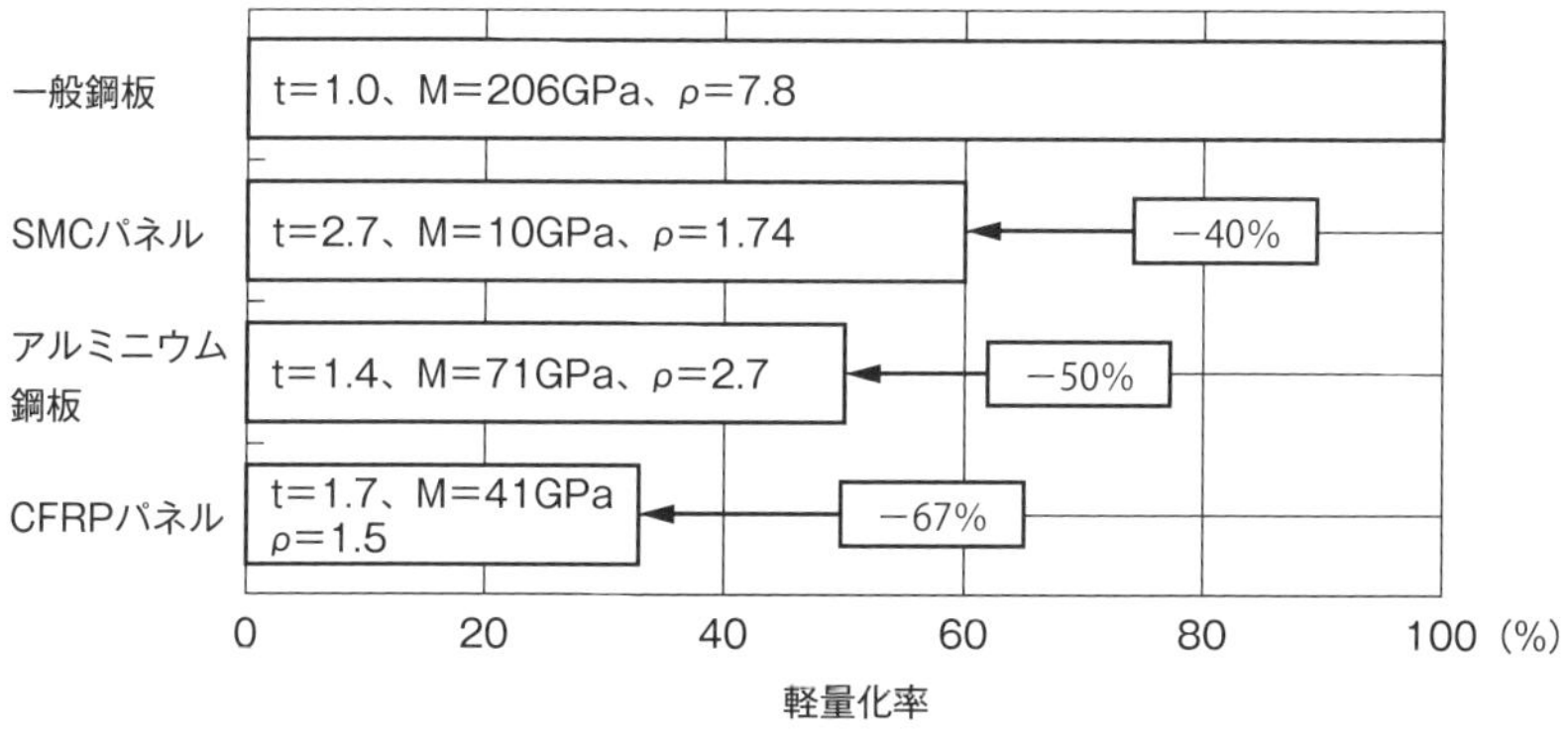

t：板厚(mm)、M：ヤング率、ρ：比重

出所：「これからの自動車とテキスタイル」青木、繊維社、2004年

各種材料で曲げ剛性が同じ板（パネル）をつくった場合、鉄板に比べて
アルミニウムでは50%、CFRPでは67%軽くできる

す。鉄板に比べて、CFRPの擬等方パネルは67%も軽量化が可能です。

CFRPの特徴がフルに利用され、レーシングカーや超高級車ではすでに屋根やフードはもちろん、車体にも使用され始めています。しかし、CFRPは高コストであるため、今まで量産自動車での使用はほとんどありませんでした。ただ最近では、軽量化の要求からトランクリッドやインナーパネルなどに使用した例が現れています。

量産自動車の軽量化材料として、CFRPが本格的に広く使用されるためには、コスト削減と量的生産技術の確立が必須で、世界中で精力的に研究開発が進められています。最たるものは、炭素繊維のコスト削減です。ラージトウ（太線度糸）の利用やポリアクリロニトリル（PAN）以外のポリマーで、たとえばリグニンやポリオレフィンなどによる低コスト炭素繊維の開発です。

また織物や一方向シートに代わる炭素繊維中間基材で、たとえば多軸挿入布、SMC（シートモールドコンパウンド）などの開発が挙げられます。新規な樹脂システムの開発もそうです。樹脂と硬化剤の化学組成の工夫により、短時間硬化が可能になってきています。

このほか、高圧樹脂注入含浸システムなどによる高速成形方法の開発も課題です。そして、一体成形技術を用いた大型モジュール成形による部品点数の大幅削減と、ロボットの利用による工程の自動化および工程内搬送の自動化も大事なテーマです。

こうした技術開発、すなわちラージトウを使用し、樹脂成形やロボットによる自動化にある程度成功し、中量産を達成した自動車が最近発売されたBMW「i3」や「i8」です。電気自動車ながら、搭乗者部分の構造をCFRP化し、スチール製に比べて約50%軽量化し、部品点数を半分以下にしています。屋根やドアなどもCFRP化されています。

低コスト技術として注目されるもう1つの開発成果は、従来の熱硬化性樹脂に代わり、成形サイクルがきわめて短い熱可塑性樹脂の利用です。従来から、短繊維の炭素繊維を少量混入したペレット使いの射出成形品はありました。しかし繊維含有率が低いことと、射出成形中に繊維が切断されるため、十分な物性が得ら

自動車部品のCFRP化の可能性

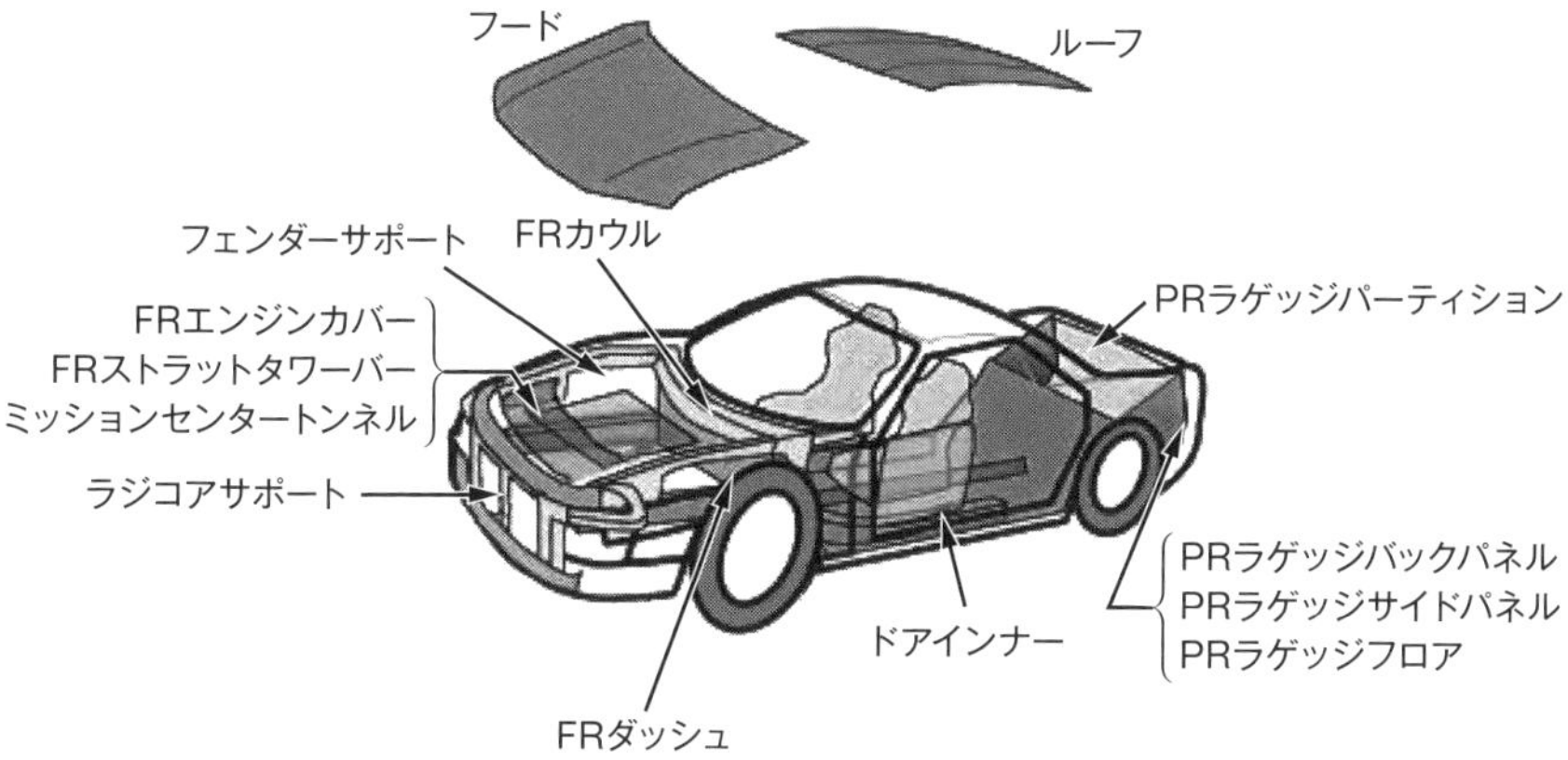

出所：「第22回複合材料セミナー予稿集　炭素繊維複合材料の自動車への展開」、須賀康雄、炭素繊維協会、2009年2月19日

自動車の多くの部分をCFRP化することで総重量を半減することができる

れませんでした。

繊維長を長く残す射出成形技術の開発も行われていますが、それ以上に注力されているのが、長繊維状態での熱可塑性樹脂を使った技術開発です。これには、炭素繊維と樹脂の接着性の改善、高粘度である熱可塑性樹脂の含浸技術、高温高圧を要する成形技術、粘性の高い熱可塑性樹脂製品の機械加工技術などの開発が含まれます。これらの実現により、CFRPは量産自動車の多くの部品に使用され、排ガスの減少、引いては地球温暖化防止に大いに貢献できることになります。

一口メモ

炭素繊維の工業化は1954年、米国のユニオンカーバイドがレイヨン繊維を用いて生産したのが始まりです。現在、使用されている炭素繊維の大半はアクリル繊維を焼成したものです。今日では東レ、東邦テナックス、三菱レイヨンが世界需要の約70%を日欧米韓で生産し、世界をリードしています。

45 カーボンナノチューブ温度差発電不織布シート
―薄く軽く柔軟、表裏の温度差で発電―

今日、多量のエネルギーを消費する工業プラントや発電所、自動車、電気機器などからは大量の熱が発生し、「排熱」として未利用のまま環境中に放出されています。先進国で消費されるエネルギーのうち約2／3が、未利用のまま排熱として放出されていると言われています。このような排熱を再利用できれば、地球温暖化の防止や省エネルギーに役立つと考えられることから、未利用の排熱の活用を目指す技術開発が進んでいます。

その有力な技術として、熱エネルギーを直接電力に変換する「熱電発電（温度差発電）」が注目されています。熱電発電とは、金属や半導体の両端に温度差をつけることで、両端間に電圧が発生するというゼーベック効果と呼ばれる物理現象を利用した発電のことで、そのような発電現象を起こす材料を「熱電変換材料」と呼んでいます。

熱電変換材料から実用的な高効率発電デバイスを得るには、低温側がプラスに帯電するプラス型（p型）の熱電変換材料と、低温側がマイナスに帯電するマイナス型（n型）の熱電変換材料とを組み合わせた双極型熱電発電素子を作製します。その素子を配列させることにより、高効率の発電デバイスが得られます。

近年、自動車などの比較的低温の排熱をターゲットとし、配管の曲面に貼れて密着できるような、薄くてフレキシブルで軽量の熱電発電デバイスシートが望まれるようになりました。したがって、熱電変換材料として柔軟性がある導電性高分子が注目されてきました。ただ、導電性高分子は通常、低温側がプラスに帯電するプラス型（p型）の材料のため、実用的な高効率発電デバイスを得るためには、低温側がマイナスに帯電するマイナス型（n型）の熱電変換材料を開発する必要がありました。しかし、これまで高性能でフレキシブルなn型の熱電変換材料を得ることが困難でした。

　奈良先端科学技術大学院大学は、熱電変換材料として、軽くて丈夫なカーボンナノチューブに着目して研究を進めてきました。その結果、2013年に通常はp型を示すカーボンナノチューブを、安定なn型に変える一連の化学剤を発見し、非常に困難とされていたフレキシブルなn型熱電変換材料の開発に成功したのです。

　しかし、開発したn型カーボンナノチューブを用いた双極型熱電発電素子は、空気中で劣化しやすいという問題がありました。そこで、さらに安定性の開発が進められ、16年には食塩などのアルカリ塩とクラウンエーテルと呼ばれる有機化合物を添加することで、出力特性が従来の3倍に向上したn型カーボンナノチューブ熱電変換材料を得ることに成功。それを用いた双極型熱電発電素子は、150℃で1カ月以上の性能保持を実現できることを明らかにしました。

　積水化学工業は、この奈良先端科学技術大学院大学

双極型熱電発電素子

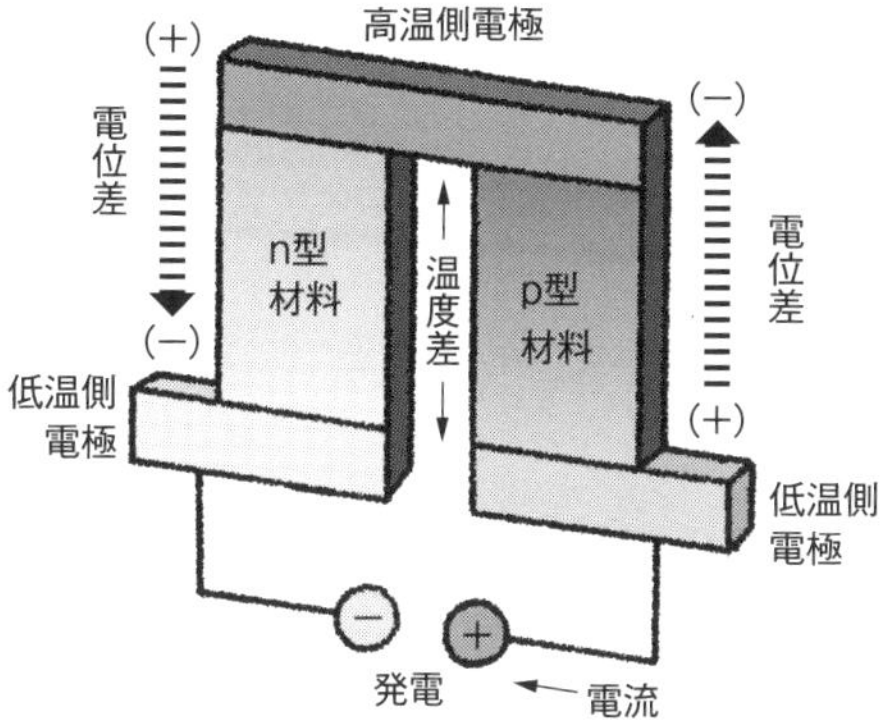

カーボンナノチューブ不織布外観

提供：積水化学工業

発電シート用に作製された不織布

カーボンナノチューブ温度差発電シートの基本構造と発電の様子

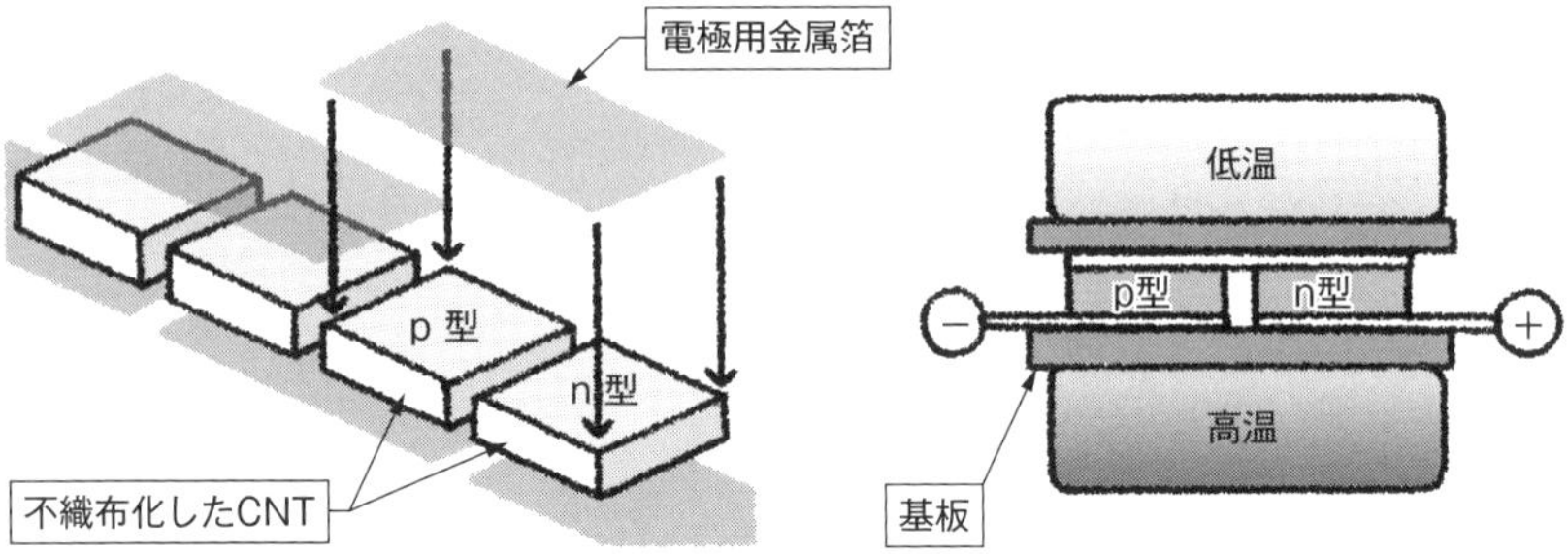

提供：積水化学工業

p型とn型のカーボンナノチューブ不織布切片を電極用金属箱と直列に組み合わせて構成した双極性熱電発電素子をフィルム基板上に配列させた構造のカーボンナノチューブ温度差発電シートは薄型、軽量、フレキシブルが特徴

の「カーボンナノチューブ熱電変換材料」の開発に参画し、同社が保有するナノ分散技術、化学修飾技術、成膜技術などを活用し、実証実験が可能なサイズのカーボンナノチューブ不織布を作製しました。そして、奈良先端科学技術大学院大学で開発された高性能のn型カーボンナノチューブ熱電変換材料を活用し、表裏の温度差で発電する「カーボンナノチューブ温度差発電不織布シート」を開発しました。

同社のカーボンナノチューブ温度差発電不織布シートは、p型のカーボンナノチューブ不織布切片とn型のカーボンナノチューブ不織布切片とが、電極用金属箔と直列に組み合わされて構成された双極型熱電発電素子が、フィルム基板上に配列した構造になっています。試作したカーボンナノチューブ温度差発電シートは、非常にコンパクトな外観をしています。

同社は、このカーボンナノチューブ温度差発電不織布シートの発電性能を、いろいろな角度から評価しました。その結果、従来の有機系温度差発電材料に比べて、さまざまなセンサーの電源として実用可能なレベルへの大幅な性能向上が見込めることを確認したので

発電シート試作品の外観

提供：積水化学工業

カーボンナノチューブ不織布から個片化された素子をフィルム基板上に配列した温度差発電シート

す。この結果を踏まえ、開発品サンプルの提供など実用化に向けた実証実験を開始し、さらなる性能向上を進めるとともにデバイス開発や生産技術開発、用途開発など各段階におけるパートナーの探索も進め、18年度の製品化を目指すことにしています。

　このような薄くてフレキシブルで、軽いカーボンナノチューブ温度差発電不織布シートが展開できる用途としては、現在のところ乾電池や太陽電池では対応困難なビル、商業施設の地下施設、空調配管、エレベーターシャフト、工場、大型倉庫など、高温多湿環境下で定期的な交換や診断が難しく、昼夜を問わず常時監視の必要な設備のワイヤレスセンサー用電源が想定されています。

一口メモ

カーボンナノチューブは、グラファイト網状平面を筒状に丸めて形成される単層、あるいはそれらが入れ子状に積層された多層のチューブ状物質で、直径が0.4〜50nm、長さが1〜数十μmの炭素材料のことです。

46 繊維でつくる人工筋肉
―組紐や筒編地の筋を空気で伸縮―

細い組紐《くみひも》や筒状メッシュの内側に、ゴムやシリコンなどによる伸縮するチューブを挿入し、チューブを空気で膨らませたり縮ませたりすることで、組紐や筒状メッシュを筋肉のように伸び縮みさせる技術が、世界で研究されています。1950年代に、米国で開発されて世界に広がりました。人工筋肉などと称され、主に介護用品や内視鏡、カテーテル、リハビリなどの医療機器やロボット用などに研究され、すでに商品化されたものもあります。

そんな中、岡山大学と岡山県倉敷市にある池田製紐所が、外径0・8㎜という世界最細の人工筋肉を開発しました。これまでは、細くても2～5㎜程度のものが主でした。これをさらに細くするには、適正な繊維素材選びや編組時の口数、角度、張力などの調整や管理が大変難しく、開発者の高度の工夫と日本古来の組紐の伝統技があって初めて達成されたと推測されます。

このような構造の人工筋肉はマッキベン型と呼ばれており、収縮率が20～25%、最大収縮力が約30kgf／㎠ほどになります。ほかにも、たとえば特化した導電性高分子を利用したものや、カーボンナノチューブに電圧を加えることで変形させるもの、あるいは形状記憶合金を利用したものなどがありますが、これらに比べると最も実用レベルに近いと言われています。

また、この組紐の側面の一部に伸縮しない柔軟な材料を貼りつけると、上記の伸縮運動以外に曲げ運動も付与することができ、工夫次第でいろいろな変形や動きをつくり出すことが可能です。

また組紐の代わりに、細い筒状に編成した丸編地や経《たて》編地などが利用できます。繊維同士の交差点がずれにくくなったり、物性の異なる糸を交編したりできる

組紐を利用した人工筋肉の模式

内装チューブの空気圧を変えて組紐を伸縮、屈曲させる

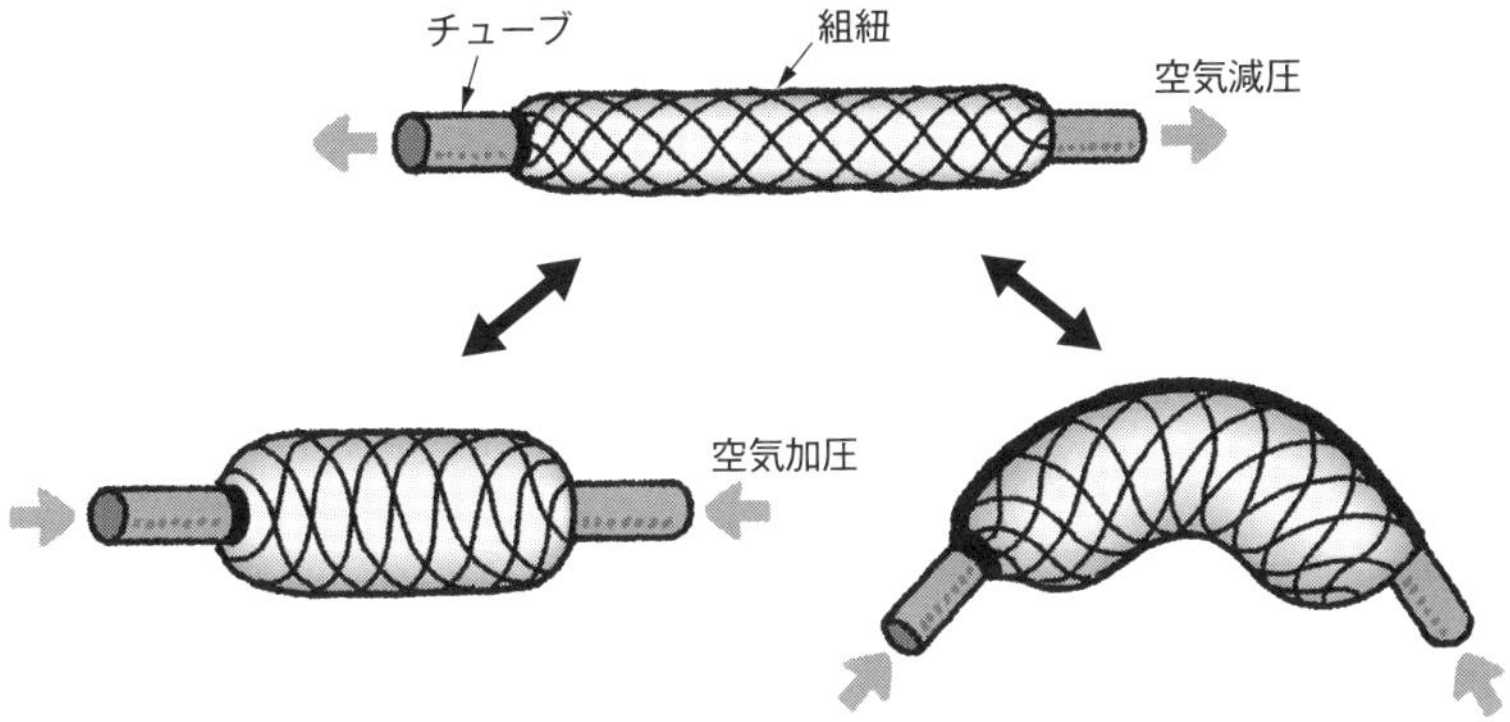

複数本の繊維からなる撚糸構造のため、繊維同士の接点は固定されずフリーの状態

筒編地を利用した人工筋肉の模式

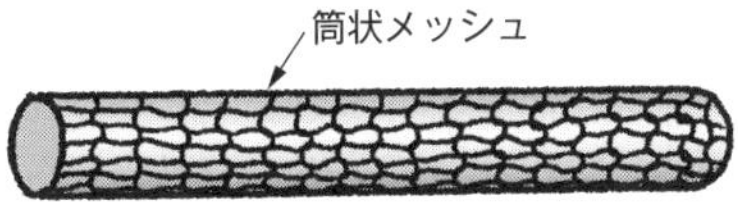

1本の繊維のループが連結されている状態で、
繊維の交差点は固定されている

長所を活かした、組紐とは違った動きをつくり出すこともできます。

さらに、この人工筋肉を複合して利用したり、繊維が培ってきたいろいろな技術を駆使して2次元・3次元に利用したりすると、さらに高度な動きもつくり出すことができます。たとえば、人の骨格にこの人工筋肉を装着し、コンピューターで動きを制御して人と同じ動作をさせる研究が挙げられます。ほかにも人工筋肉を利用した人型ロボットや、人の手指・腕・腰・足などの筋力を人工筋肉で補充して力仕事が楽にできるサポート衣料、人工筋肉を利用した生産設備や試験設備などの研究があります。多くの大学や企業でこうした開発が進められています。

これらの人工筋肉、炭素繊維複合材料、人工知脳を搭載したハイテクロボットが、人に代わって仕事をしてくれる日が来るのも、そう遠くはないかも知れません。

Column

バイオミメティクスを先取りしてきた繊維産業

バイオミメティクスとは、bio（生物）、mime（パントマイム）、mimic（模倣者、擬態の）を組み合わせた造語で、「生物模倣技術」「生物規範工学」とも呼ばれています。生物が持つさまざまな機能や原理、システムを観察・分析し、これを模倣して新たな技術革新を実現しようという動きが始まっています。

繊維の進化はバイオミメティクスの一例であり、バイオミメティクスという言葉がもてはやされる以前から、生物（天然繊維）を模倣して進化してきました。すなわち、人工的につくり出した化学繊維は、第1世代がフランスでの蚕絶滅の危機から発明された人造絹糸、第2世代が合成原料からなるナイロンやポリエステルなどの汎用合成繊維、第3世代が天然繊維の感性や機能を取り込んだ異形や中空断面などのスペシャリティ合成繊維、そして第4世代が天然繊維を超える機能を持つアラミドや炭素繊維などのスーパー繊維へと進化してきています。

21世紀に入り、繊維の材料開発はマイクロメートルからナノメートルサイズへと移りつつあり、長い進化の過程でさまざまな環境に適応してきた生物の多様なナノ構造に目が向けられています。あらゆるものがインターネットにつながるIoTやAIを活用して、科学技術の革新を実現するための国家戦略に、生物の形の模倣だけではなく、生物が行っている目に見えない情報処理や仕組み、生物の集団行動、生体環境などのバイオミメティクスを役立てる動きがあり、繊維の進化につながることが期待されます。

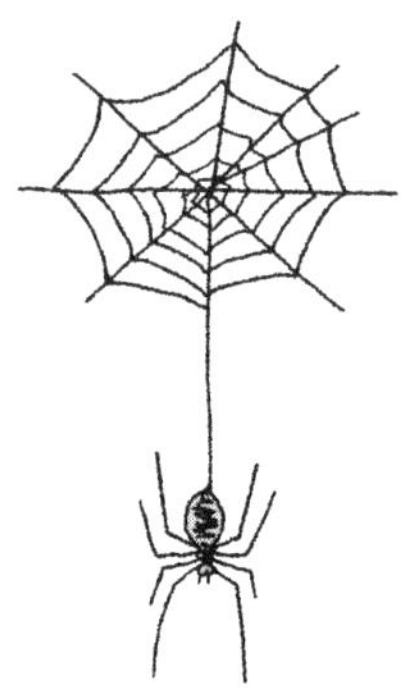

参考文献

「加工技術」、井上翼、繊維社、Vol．51 No．6、2016年、p40～45
「繊維製品消費科学」、塚田・佐藤ら、日本繊維製品消費科学会、Vol．56 No．8、2015年、p18～22
「繊維学会誌」、田實・山本、繊維学会、Vol．71 No．5、2016年、p232～237
「化学経済」、野間隆、化学工業日報社、1997年5月号、p72～77
「化学経済」、野間隆、化学工業日報社、1997年5月号、p72～81
「日経バイオビジネス」2003年8月号、p90～92
「繊研新聞」2011年8月4日号
「生活工学研究」、田中弥江・仲西正、お茶の水女子大学、Vol．5 No．1、2003年、p110～114
「新・繊維総合辞典」、繊維総合辞典編集委員会編、繊研新聞社、2012年2月
「繊維製品消費科学」、中村、日本繊維製品消費科学会、Vol．54 No．8、2013年、p21～27
「東京五輪1964年」、佐藤次郎、文春新書、2013年
「オリンピック事典」、日本オリンピックアカデミー、三栄社、2008年
「日本繊維機械学会誌」、森洋人、日本繊維機械学会、Vol．64 No．9、2011年
「日皮協ジャーナル」、山田恵里、日本産業皮膚衛生協会、Vol．38 No．2、2016年
「日皮協ジャーナル」、堀川徹、日本産業皮膚衛生協会、Vol．37 No．2、2015年
「管路更生」、日本管路更生工法品質確保協会、No．39、2016年7月
「繊維学会誌」、北村・井塚・向山、繊維学会、Vol．71 No．1、2015年、p39～40、42～44
「高分子新素材 One Point 7　耐熱・絶縁材料」、中島ら、共立出版、1988年、p23～39
「FUTURE TEXTILE―進化するテクカルテキスタイル―」、堀照夫、繊維企画社、2006年、p183
「第28回複合材料セミナー予稿集」、T.Wolf、日本化学繊維協会主催、2016年2月25日
「加工技術」、井塚淑夫、繊維社、Vol．51 No．6～8、2016年
「可視化情報学会誌」、繁富、可視化情報学会、Vol．33 No．131、2013年10月
「繊維～究極のバイオミメティクス～」、八木健吉、不織布情報、2014年11月
「トコトンやさしいバイオミメティクスの本」、下村政嗣、日刊工業新聞社、2016年3月

な行

は行

ま行

や行

ら行

さ行

た行

索 引

英字

あ行

か行

●執筆者一覧

新井直樹	一般社団法人日本繊維技術士センター	評議員
井塚淑夫	一般社団法人日本繊維技術士センター	理事長
今田邦彦	一般社団法人日本繊維技術士センター	理事
齋藤磯雄	一般社団法人日本繊維技術士センター	相談役
城山義見	一般社団法人日本繊維技術士センター	評議員
長江芳章	一般社団法人日本繊維技術士センター	評議員
中野　廣	一般社団法人日本繊維技術士センター	参与
中村　勤	一般社団法人日本繊維技術士センター	理事
福西範樹	一般社団法人日本繊維技術士センター	評議員
保城秀樹	一般社団法人日本繊維技術士センター	評議員
松永伸洋	一般社団法人日本繊維技術士センター	評議員
松本三男	一般社団法人日本繊維技術士センター	執行役員
溝口隆久	一般社団法人日本繊維技術士センター	理事
村山定光	一般社団法人日本繊維技術士センター	執行役員
八木健吉	一般社団法人日本繊維技術士センター	副理事長

●編者紹介

日本繊維技術士センター

日本繊維技術士センター（JTCC）は国家資格である技術士（繊維部門など）が、その専門能力を相互に継続研鑽し、繊維産業の発展に寄与することを目的に活動している団体です。1962年の創設以来、繊維部門の技術士を中心にして、繊維に関連する経営工学、環境、総合技術監理などの部門の技術士、およびこの目的に賛同する賛助企業や協力者、支援者が共同し、資質向上、繊維系人材の教育・育成、技術支援などの活動を行っています。

NDC 586

おもしろサイエンス**繊維の科学**

2016年12月26日 初版1刷発行

定価はカバーに表示してあります。

ⓒ編　者　日本繊維技術士センター
発行者　井水治博
発行所　日刊工業新聞社　〒103-8548 東京都中央区日本橋小網町14番1号
書籍編集部　電話03-5644-7490
販売・管理部　電話03-5644-7410　FAX 03-5644-7400
URL　http://pub.nikkan.co.jp/
e-mail　info@media.nikkan.co.jp
振替口座　00190-2-186076

印刷・製本　美研プリンティング㈱

2016 Printed in Japan　落丁・乱丁本はお取り替えいたします。
ISBN　978-4-526-07641-1